全国高职高专印刷与包装类专业教学指导委员会规划统编教材

印刷色彩学

主　编　武　兵
主　审　刘浩学

文化发展出版社
Cultural Development Press

内容提要

本书着重讲述了颜色视觉产生的机理、颜色的定量描述与测量方法、彩色印刷图像复制技术中有关颜色再现、色彩管理的各类相关内容。本书突出高等职业教育的特点，充实了颜色科学在印刷中的实际应用的内容，富有创新性地设计了一系列印刷色彩学实验，实验内容兼顾基本理论的印证、视觉现象的认识及各种类型颜色测量仪器的使用，使学生在掌握一定的理论基础后，可以很快地学会使用各类颜色测量仪器去测量及评价颜色、理解彩色印刷图像复制过程中各种控制颜色质量的手段。

本教材适用于高等职业教育印刷技术、印前制版、包装装潢设计及印刷等专业，同时也适合印刷行业的从业人员自学或进行技术培训使用。

图书在版编目（CIP）数据

印刷色彩学／武兵编.—北京：文化发展出版社，2008.2（2018.7重印）

全国高职高专印刷与包装类专业教学指导委员会规划统编教材

ISBN 978-7-80000-716-3

Ⅰ. 印… Ⅱ.武… Ⅲ.印刷色彩学－高等学校：技术学校－教材 Ⅳ.TS801.3

中国版本图书馆CIP数据核字（2008）第003506号

印刷色彩学

主　　编：武　兵		主　　审：刘浩学	
责任编辑：魏　欣		责任校对：郭　平	
责任印制：邓辉明		责任设计：侯　铮	

出版发行：文化发展出版社（北京市翠微路2号　邮编：100036）

网　　址：www.wenhuafazhan.com　　www.keyin.cn　　www.printhome.com

经　　销：各地新华书店

印　　刷：北京市兴怀印刷厂

开　　本：787mm×1092mm　　1/16

字　　数：186千字

印　　张：9.25

彩　　插：8

印　　数：18501～19300

印　　次：2008年3月第1版　　2018年7月第8次印刷

定　　价：39.00元

ＩＳＢＮ：978-7-80000-716-3

◆　如发现印装质量问题请与我社发行部联系　直销电话：010-88275710
◆　我社为使用本教材的专业院校提供免费教学课件，欢迎来电索取。010-88275712

出版前言

20世纪80年代以来的20多年时间，在世界印刷技术日新月异的飞速发展浪潮中，中国印刷业无论在技术还是产业层面都取得了长足的进步。桌面出版系统、激光照排、CTP、数字印刷、数字化工作流程等新技术、新设备、新工艺在中国印刷业得到了普及或应用。

印刷产业技术的发展既离不开高等教育的支持，又给高等教育提出了新要求。近20多年时间，我国印刷高等教育与印刷产业一起得到了很大发展，开设印刷专业的院校不断增多，培养的印刷专业人才无论在数量还是质量上都有了很大提高。但印刷产业的发展急需印刷专业教育培养出更多、更优秀的应用型技术管理人才。

教材是教学工作的重要组成部分。印刷工业出版社自成立以来，一直致力于专业教材的出版，与国内主要印刷专业院校建立了长期友好的合作关系。但随着产业技术的发展，原有的印刷专业教材无论在体系上还是内容上都已经落后于产业和专业教育发展的要求。因此，为了更好地服务于印刷包装高等职业教育教学工作，遵照国家对高等职业教育的定位，突出高等职业教育的特点，我社组织了北京印刷学院、上海出版印刷高等专科学校、深圳职业技术学院、安徽新闻出版职业技术学院、天津职业大学、杭州电子科技大学、郑州牧业工程高等专科学校、湖北职业技术学院等主要印刷高职院校的骨干教师编写了"全国高职高专印刷包装专业教材"。

这套教材具有以下优点：

● 实用性、实践性强。该套教材依照高等职业教育的定位，突出高职教育重在强化学生实践能力培养的特点，教材内容在必备的专业基础知识理论和体系的基础上，突出职业岗位的技能要求，所含教材均为高职教育印刷包装专业的必修课，是国内最新的高职高专印刷包装专业教材，能解决当前高等职业教育印刷包装专业教材急需更新的迫切需求。

● 编者队伍实力雄厚。该套教材的编者来自全国主要印刷高职院校，均是各院校最有实力的教授、副教授以及从事教学工作多年的骨干教师，对高职教育的特点和要求十分了解，有丰富的教学、实践以及教材编写经验。

● 覆盖面广。该套教材覆盖面广，从工艺原理到设备操作维护，从印前到印刷、印后，均为高职教育印刷包装专业的必修课，迎合了当前的高职教学需求，为解决当前高等职业教育印刷包装类专业教材的不足而选定。

经过编者和出版社的共同努力，"全国高职高专印刷包装专业教材"的首批教材已经进入出版流程，希望本套教材的出版能为印刷专业人才的培养做出一份贡献。

印刷工业出版社

2008年1月

前　　言

　　印刷色彩学是学习印刷技术的一门重要的专业基础课程。本教材着重讲述颜色视觉产生的机理、颜色的定量描述与测量方法、彩色印刷图像复制技术中有关颜色再现、色彩管理的各类相关内容。

　　为了突出高等职业教育的特点，教材中尽量充实颜色科学在印刷中实际应用的内容，富有创新性地设计了一系列印刷色彩学实验，实验中部分测试样张的电子文件、"Color Matching"模拟配色程序均附在本教材的课件中。实验内容兼顾基本理论的印证、视觉现象的认识及各种类型颜色测量仪器的使用，使学生在掌握一定的理论基础后，可以很快地学会使用各类颜色测量仪器去测量及评价颜色、理解彩色印刷图像复制过程中各种控制颜色质量的手段，为将来专业课程的学习打好基础。

　　本教材适用于高等职业教育印刷技术、印前制版、包装装潢设计及印刷等专业，以及印刷行业的从业人员自学或进行技术培训使用。

　　编者集多年的色彩学教学经验，认识到在详尽阐述颜色视觉产生过程的基础上展开颜色的定量描述与测量、颜色测量原理及应用、颜色复制理论的讲解可以令这门课程的结构逻辑清晰，能够极大地提高学生的接受程度，可谓宜教宜学。书中难免会有疏漏之处，望读者不吝赐教。

　　在本书的编写过程中，得到了北京印刷学院刘浩学、金杨、陈亚雄、吴莹、齐晓堃、徐艳芳、宋月红、陈士文、许鑫等多位教授和学者的帮助，在此表示诚挚的感谢！

编　者

2007 年 12 月

目　录

第一章　颜色的由来

关于颜色的由来每个人可能都有自己的一番见解，人们会说颜色是物体显出来的、是眼睛看出来的、是颜料画出来的、是光照出来的……这些说法都不全面，因为假如你闭上眼睛或站在一间漆黑的房间里，墙的蓝色、桌子的咖啡色和衣服的红色到底是在还是不在了呢？

必须将上面的解释综合在一起才能说明什么是颜色。颜色是光作用于人眼后所引起的一种除位置、形态以外的视觉反应，光源、物体、眼睛与大脑是颜色视觉产生的四大要素。简要地说，颜色视觉是这样产生的：光源发出不同波长的光照射在物体表面，物体选择性地反射或透射其中的部分光谱成分进入人的眼睛，人眼将光刺激转化为神经冲动传到大脑里的视觉中枢，由视觉中枢判定并产生颜色感觉。颜色视觉产生过程如图1-1所示。

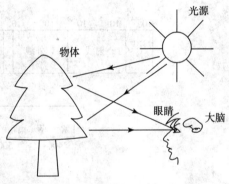

图1-1　颜色视觉产生过程示意图

因此，颜色不是某一物体的固有属性，这里所说的物体包括光源、透明或非透明的固体或液体、各种涂料、油墨等，颜色来源于光，颜色感觉产生于大脑。

第一节　颜色的来源——光

太阳的光芒给大地带来勃勃的生机，万物生长离不开它，五彩缤纷的绚烂世界更是依赖于它。太阳光除了给人们带来温暖，还给人们送来了光明与色彩。太阳光可以折射出美丽的彩虹，太阳光洒落之处，人们可以看到万物的色彩，光是一切颜色的来源。

一、可见光

光是一种电磁波，光在空间中有规则地振动传播着，能量高的光子振动频率高，波长短；能量低的光子振动频率低，波长长，如图 1－2 所示。

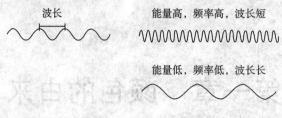

图 1－2　光的波长

光谱是指光在时空中传播时所具有的全部波长范围。在电磁波辐射光谱中，仅有 380～780nm 这一狭窄范围的光才能对人的眼睛产生刺激，形成颜色感觉，它被称为可见光谱，简称可见光。多数时候，我们所说的"光"即是指可见光，如图 1－3 及彩图 1 所示。

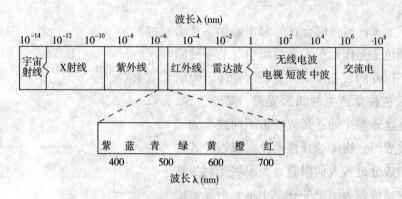

图 1－3　电磁波谱与可见光谱

可见光谱内，不同波长的光刺激人眼所引起的颜色感觉是不同的，正如歌中唱到的那样：太阳、太阳，给我们带来七色光芒。可见光谱的颜色感觉大致如下：红色为 770～620nm，橙色为 620～590nm，黄色为 590～560nm，黄绿色为 560～530nm，绿色为 530～500nm，青色为 500～470nm，蓝色为 470～430nm，紫色为 430～380nm。记住上面的波段划分，对今后判定颜色是很有益处的。

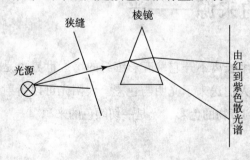

图 1－4　棱镜色散实验

单一波长的光产生特定的颜色感觉，称为单色光。自然界中的日光、火光及各种人工光源如白炽灯、荧光灯、钠灯、氙灯等所发出的光全是由不同波长的光混合而成的复色光。别看各种各样的光源似乎发出的都是白光，但是只要借助三棱镜或光栅等色散器件，就可将一束白光（或某种复色光）分解成按波长顺序排列的彩色光带，如同雨后彩虹，称做色散光谱。色散实验证明了不同波长的光是可以混合的，混合后呈现不同的颜色。图 1－4 所示为色散实验，由于白光中不同波长的光波在玻璃中的折射率不同，波长越长的光其折射率越小，因此，经过三棱镜后折射出的光线产生了色散。红光在可见光中波长最长、折射率最小，所以排在最上方，下面依次是橙、黄、黄绿、绿、青、蓝、紫，紫光在可见光中波长最短、折射率最高，所以排在最下方。确切地说，这些不同波长的单色光才是颜色的来源。

二、光源光谱分布

一般的光源（自然光源及人工光源）发出的光都是由不同波长的单色光混合而成的复色光，例如日光、白炽灯、荧光灯都会发出红、橙、黄、黄绿、绿、青、蓝、紫各个波段的光，而不同之处在于不同光源所发出的复色光中各单色光的能量比例是不一样的，即复色光的辐射能量是随波长变化的，多以函数关系来表示。辐射能量按波长分布的规律称为光谱分布。光谱分布是描述物体颜色的最基本、最本质的方法。以波长为横坐标，辐射能量为纵坐标可以画出光谱分布曲线。

实际应用中，由于不同光源的辐射能量相差巨大，而且光源的颜色特性实际取决于所发出的光线中，不同波长光的相对能量比例，如白炽灯长波能量相对高其光色就偏红，而与光谱辐射能的绝对值无关，绝对值的大小只反映光的强度，产生明、暗的感觉，不会引起光源颜色感觉的变化，就像你通过调光开关将台灯的光调亮或调暗时的情况。因此使用更多的是光谱分布

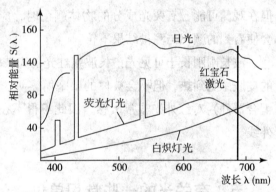

图 1-5　常见光源的相对光谱功率分布

的相对值而非绝对值，即令光谱分布函数的最大值为"1"，将函数的其他值进行归化，经归化后的光谱分布称为相对光谱功率分布，记做 $S(\lambda)$。有了它，光源的颜色特性就明确了。图 1-5 所示为各种常见光源的光谱分布曲线，日光、荧光灯、白炽灯显然都会发出不同波长的可见光，即它们发出的光中含有各种颜色的光，但由于白炽灯的光谱成分由短波到长波其相对能量逐渐升高，红光比例最高，因此，白炽灯的光色为橘红色；荧光灯蓝光波段能量相对较高，而红光偏少，因此荧光灯的光色为白中透蓝，常称为冷白光；由于中午日光中各波长光的能量相对比较均衡，没有哪一波长的能量非常突出，因此视为白光。

三、光源的分类

从光源光谱分布曲线的形状来看，常见光源的光谱分布大致有四种类型：线状光谱、

带状光谱、连续光谱和混合光谱（前三种的组合）。激光、低压钠灯为线状光谱，接近单色光，非常鲜艳；碳弧和高压汞灯属带状光谱，所含有的波长范围很窄，比较鲜艳；一切热辐射光源如太阳和白炽灯都是连续光谱；而日常所用的荧光灯则属混合光谱，它们的光色均接近白光。

四、紫外线与红外线

在印刷行业，人们通常只关心可见光，但有时也应当关注一下波长刚刚超出 380～780nm 可见光范围的那一部分光谱成分，否则它们不知在什么时候真会给我们点"颜色"看看！

波长刚刚短于可见光谱短波端紫光的光波就是人们熟悉的紫外线（UV），它本身不会为人眼察觉，但可以激发纸张、油墨里添加的荧光增白剂，使其发出可见光，与纸张、油墨的反射光谱叠加在一起呈现出颜色，产生出特别白的纸与非常鲜艳的墨，这种荧光现象出现与否与光源的紫外光谱成分的含量有关。因此，虽然紫外光波并非直接可见，但在观测可能含有荧光成分的物体颜色时，应当注意照明光源中是否含有紫外光，否则会使看到的颜色与测量结果不符。

波长刚刚长于可见光谱长波端红光的光波就是人们所说的红外线（IR），它可以使你的皮肤感觉到热，但不会被你的眼睛所察觉。然而，数码相机内的感光元件 CCD（光电耦合器件）对红外光非常敏感，因此不得不在相机内安装红外（IR）滤光镜，以滤去红外线。

五、有关光的一些常用单位

1. 光通量

辐射能量中能引起人眼视觉的那一部分辐射通量，称为光通量。用 Φ_v 表示，单位为流明（lm）。

2. 发光强度

光源在给定方向上的发光强度是该光源在给定方向的立体角元 $d\omega$ 内传输的光通量 $d\Phi$ 与该立体角元之商，即

$$I_v = d\Phi_v/d\omega \qquad\qquad (1-1)$$

发光光强的单位为坎德拉（cd）。

发光强度具有和辐射强度类似的特性，如均匀发射的点光源，其总光通量为 $4\pi I_v$。

3. 光出射度

光源单位发光面积上发出的光通量，定义为光源的光出射度，用 M 表示。光出射度表示为

$$M_v = \mathrm{d}\Phi_v/\mathrm{d}A \tag{1-2}$$

光出射度的单位为流明每平方米（$\mathrm{lm} \cdot \mathrm{m}^{-2}$）。

如果发光面各点均匀发光，式（1-2）可以表示为

$$M_v = \Phi_v/A$$

式中 M_v 表示在 A 面上各点光出射度的平均值。

4. 光照度

单位受照面积接收的光通量定义为受照面的光照度，用 E_v 表示。光照度表示为

$$E_v = \mathrm{d}\Phi_v/\mathrm{d}A \tag{1-3}$$

光照度的单位为勒克斯（lx），$1\mathrm{lx} = 1\mathrm{lm} \cdot \mathrm{m}^{-2}$。

5. 光亮度

为了描述具有一定大小的发光体发出的可见光在空间分布情况，导入光亮度来度量。

光源表面上一点处在给定方向的光亮度是该点的面积元在给定方向的发光强度与面积元在垂直于该方向的平面上的正交投影面积之商，用 L_v 表示。其表达式为

$$L_v = I_v/(\mathrm{d}A\cos\theta) = \mathrm{d}\Phi_v/(\mathrm{d}A\cos\theta\mathrm{d}\omega) \tag{1-4}$$

由式（1-2）可见，θ 方向的光亮度 L_v 是投影在方向的单位面积上的发光强度。或者说是投影到 θ 方向的单位投影面积单位立体角内的光通量。光亮度的单位为坎德拉每平方米（$\mathrm{cd} \cdot \mathrm{m}^{-2}$）或称尼特。

6. 光源的发光效率

光源的发光效率是一个十分重要的物理量。一个照明电光源，除要求具有较好的显色特性和长寿命以外，还要求其光效要高。光源发出的光通量与所消耗电功率之比称为光源的发光效率。用 η 表示，即

$$\eta = \Phi_v/P \tag{1-5}$$

光效的单位为流明每瓦特（$\mathrm{lm} \cdot \mathrm{W}^{-1}$）。

作为照明用光源，则要求光源所发射的光辐射尽可能多的落在可见光范围内，特别是落在光谱光效率较大值的位置，这样可以提高发光效率。

7. 光度学计量单位的确定

光度学的计量单位与其他计量单位一样，分基本单位和导出单位。在光度学中，用发光强度的单位"坎德拉"作为基本单位，其他单位如流明、勒克斯、尼特等作为导出单位。

一个坎德拉的国际规定是光源发出频率为 540×10^{12} Hz 的单色辐射，在给定方向上的辐射强度为 1/683W 每球面度时，其发光强度为 1 坎德拉（cd）。540×10^{12} Hz 的频率相当于折射率为 1.00028 的空气中 555nm 的波长。这里之所以用频率是因为频率与介质的折射率无关，而波长却与折射率有关。光强的单位确定之后，就可以确定其他光度量的单位。

如果发光强度为 1cd 的点光源，在 1 个球面度单位立体角内所发射的光通量就定为

1lm。若此点光源是各向同性的，则它所发射的总光通量为 4πlm。

如果 1lm 的光通量均匀分布在 $1m^2$ 的面积上，则光照度为 1lx。如果 $1m^2$ 表面沿法线方向发射 1cd 的光强，则发光面的亮度就定为 $1cd/m^2$ 或 1 尼特。

表 1-1 给出了常见发光体表面光亮度的近似值，表 1-2 给出了常见受照物体表面光照度值。

表 1-1 常见发光体表面光亮度的近似值

光源名称	亮度（cd/m^2）
在地球上看到的太阳	15×10^8
普通电弧	15×10^7
太阳照射下漫射的白色表面	3×10^4
钨丝白炽灯灯丝	$(500 \sim 1500) \times 10^4$
在地球上看到的月亮表面	25×10^2
人工照明下书写阅读时的纸面	10
白天的晴朗天空	5×10^3
超高压气体放电灯	25×10^8

表 1-2 常见受照物体表面光照度值

被照表面	照度（lx）
无月夜间在地面上产生的照度	3×10^{-4}
满月时对地面产生的照度	0.2
辨认方向所需要的照度	1
办公室工作所需要的照度	$20 \sim 100$
晴朗夏日采光良好时室内照度	$100 \sim 500$
太阳直射的照度	10^5

第二节 物体与光

不同波长的光直接作用于人眼会引起不同的颜色感觉，那么不会发光的物体它的颜色从何而来呢？这就要看它对不同波长的光的作用如何了。所谓物体的颜色是由物体反射或透射的光进入人眼所引起的视觉感觉，没有光的时候物体的颜色也就不存在了。

各种物体在光源的照射下呈现出不同的颜色，原因就在于物体固有的对落在它表面的光谱成分选择性透射、吸收和反射的特性，将物体的这种特性称为物体的光谱特性。因此，物体本身的光谱特性是物体产生不同颜色的主要原因。透明体（如滤色片、胶片或油墨）的颜色主要由透过的光谱组成决定，例如酒瓶是绿色的是因为它只让绿光透过，其他颜色的光统统吸收；不透明体的颜色主要由反射的光谱组成决定，例如红领巾的颜色是由于它仅反射红光，吸收剩余的可见光。

一、透明物体的光谱特性

当光照射在透明物体上，一部分光将会透过物体，另一部分光则被吸收。从色彩的角度来说，每个透明物体都可以用光谱透射率曲线来描述。光谱透射率为从物体透射出的波长为 λ 的光通量 $\Phi_\tau(\lambda)$ 与入射于物体上的波长为 λ 的光通量 $\Phi_0(\lambda)$ 之比。

光谱透射率为：

$$T(\lambda) = \frac{\Phi_\tau(\lambda)}{\Phi_0(\lambda)} \tag{1-6}$$

吸收度为：$A(\lambda) = \lg \frac{\Phi_0(\lambda)}{\Phi_\tau(\lambda)} = -\lg \tau(\lambda) = \lg \frac{1}{\tau(\lambda)} = D(\text{光学密度}) \tag{1-7}$

吸收系数为：

$$a(\lambda) = \frac{A(\lambda)}{d} \tag{1-8}$$

式中 $\Phi_0(\lambda)$ 为入射光通量，$\Phi_\tau(\lambda)$ 为出射光通量，图1-6为各向同性均匀透明物体的透射，物体的厚度为 d。

图1-7所示为绿滤色片的光谱透射特性。由于绿滤色片吸收了白光中的红光（长波）与蓝光（短波），只让绿光（中波）透过，因此呈现出绿色。

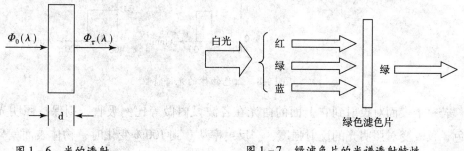

图1-6　光的透射　　　　　　　　图1-7　绿滤色片的光谱透射特性

吸收度又称为（光学）密度，密度常用 D 表示，与吸光材料的厚度成正比，因此，密度是印刷工业中用来衡量照相胶片的透过率和油墨墨层厚度的一个常用物理量。通过测量不同滤色片下的密度值，可以反映印刷品对不同色光的吸收程度，密度值越高，墨层厚度越大，颜色越浓，墨量越多，从而反映印刷品的颜色和印刷的条件状况。

空气是一种理想透明体，其在整个可见光波段内的光谱透射比均为1，是无色的，因此，测量其他透明物体光谱透射比时用空气作为参照标准。

透明物体的颜色可以从它的光谱透射比计算出来，所以，在色度学中光谱透射比的测定有重要意义。测定光谱透射比使用分光光度计，测量原理及方法请参看本书相应章节。

二、反射物体的光谱特性

光照射在反射物体（非透明体）上时，例如印刷品、衣服、花朵时，由于其表面分子结构差异而形成选择性吸收，将可见光谱中某些波长的辐射能吸收了，而将剩余波长的色光反射出来，正是这些反射光进入了人眼才形成颜色感觉。反射光通量 $\Phi_\rho(\lambda)$ 与入射光通量 $\Phi_0(\lambda)$ 之比称为光谱反射率 $\rho(\lambda)$，它反映了反射物体的颜色特性，对色度计算十分重要，也是用分光光度计来测量。

光谱反射率为：
$$\rho(\lambda) = \frac{\Phi_\rho(\lambda)}{\Phi_0(\lambda)} \tag{1-9}$$

（光学）密度为：
$$D = \lg\frac{\Phi_\rho(\lambda)}{\Phi_\tau(\lambda)} = \lg\rho(\lambda) = \lg\frac{1}{\rho(\lambda)} \tag{1-10}$$

如图1-8所示，红五星将照在它表面的可见光中的绿光（中波）与蓝光（短波）吸收掉了，只反射红光（长波），因此在人眼中呈现出红色。

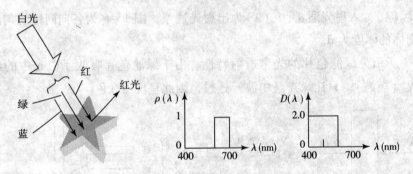

图1-8 红色物体的光谱特性

若一个表面对投射到它上面的白光在各波段内做等比例吸收，则保持照明光原来的颜色，仅改变对照明光的反射强度，当反射率从0到100%变化时，物体表面就呈现出黑色、灰色（由深入浅）、白色。因为，该物体表面对白光中光谱各波段的辐射能做等比吸收，则反射（或透射）光各波长的辐射能均做等量减少，而光谱组成比例不会改变，这种现象就称为非选择性吸收。通常，光谱反射率在10%以下的物体看上去为黑色，反射率从10%～70%为不同深浅的灰色，反射率大于70%的物体就感觉是白色。作为白的工作标准，氧化镁标准白板光谱反射率大约为99%。图1-9绘出了常用测量标准白板材料的光谱反射率曲线，它们是相对于氧化镁测得的。

物体是通过选择性地吸收光源发出的光中的部分光谱成分，反（透）射其余光谱成分而呈现出不同的色彩。红花之所以是红色，是因为它将白光中的400～500nm的蓝光、500～600nm的绿光全部吸收了，仅仅反射600～700nm的红光。颜色是光刺激人眼产生的视觉反应，物体本身没有颜色，但具有特定的光谱吸收、反射、透射的特性，图1-10所示为常见物体的反射特性。光赋予了自然界绚丽的色彩，光是一切颜色的来源。一切对于颜色的分析都应围绕光谱特性进行，万变不离其宗，理解了这一点对于自由地驾驭颜色至关重要。

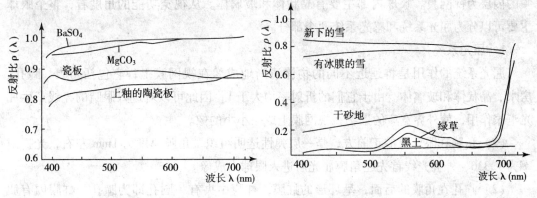

图 1-9 标准白板材料光谱反射率曲线　　　图 1-10 常见物体的反射特性

第三节　光感受器——眼睛

　　光源辐射产生不同波长的光，这些光或直接照进人眼，或经物体进行选择性吸收后再将剩余的光谱成分反射（透射）出来为人眼所接受，人的眼睛是一种光感受器，可以将不同波长的光刺激转化为相应的神经冲动，最终由大脑内的视觉中枢判断分析产生颜色感觉。

一、眼睛的生理结构

　　可见光辐射刺激人眼产生颜色视觉。人眼担负着成像和感觉两大作用，是颜色视觉产生的第三大要素。

　　人眼呈球形，直径约为 24mm，通常称它为眼球。眼球内部结构很复杂，如图1-11所示，大部分眼球壁由三层膜组成。外层前部透明的部分称为角膜，约占整个眼球表面的 1/6，起保护眼球内部和透光的作用。外层后部 5/6 的眼球表面为一层坚固的白色不透明膜，称为巩膜，厚度为 0.5～1mm，起巩固和保护眼球的作用。中间层由前往后分为三部分，即虹膜、睫状体和脉络膜。脉络膜含有大量的呈黑色的

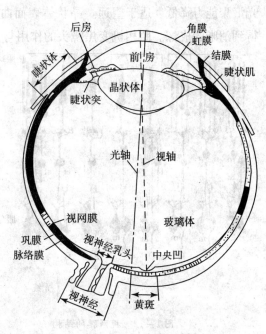

图 1-11　人右眼的横切面图

色素细胞，其作用是吸收眼球内的杂散光线，减少乱反射，类似相机里的暗箱内壁。巩膜的内层为视网膜。眼球内部主要有晶状体和玻璃体。从视觉功能的角度看，整个眼球主要可以分为屈光系统和感光系统两个部分。

1. 屈光系统

屈光系统的作用是将远近不同的物体清晰地成像在视网膜上，它包括角膜、瞳孔、房水、晶状体和玻璃体。由于它们的折射率均大于1，因此可以对进入眼睛的光线产生屈光汇聚作用，使外界宽广的景物在视网膜上成一小小的像。

（1）角膜在眼球壁的正前方，是一层弹性透明组织，角膜厚度为1mm左右，光折射率为1.336，外界光线首先经角膜屈光后进入眼球内成像。

（2）瞳孔在角膜的后面，呈环形的虹膜，虹膜中央有一圆孔即为瞳孔。虹膜内有肌肉能控制瞳孔随光线明暗变化自动调节大小。瞳孔如同照相机的光圈，光弱时放大，以增加入眼光能量，光强时缩小，以减少入眼光能量保护视网膜不被强光灼伤。瞳孔直径可在2~8mm之间变化。

（3）房水是充满在角膜与虹膜之间及虹膜与晶状体之间的透明液体，由睫状体产生，折射率也是1.336，可起屈光作用。

（4）晶状体是一透明双凸形弹性固体，像一枚凸透镜，位于虹膜与玻璃体之间，由多层极薄的密度不同的弹性体组成，折射率从外层到内层为1.386~1.437逐渐增大。晶状体的位置由睫状体支持，曲率半径由睫状肌调节从而在一定范围内改变屈光度，睫状肌越紧张晶状体越凸，屈光汇聚能力越强，适于看近物；睫状肌越松弛晶状体越平，屈光汇聚能力降低，适于望远。晶状体表面曲率的改变使远近不同的物体都能在视网膜上得到清晰的成像。照相机变焦镜头的作用与它相同。

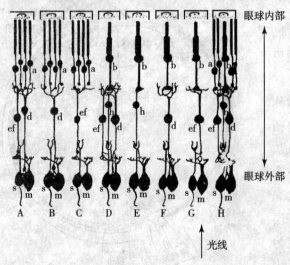

图1-12 视网膜的结构

（5）玻璃体胶状透明体，在水晶体后，视网膜前，占眼球内容物的五分之四，折射率为1.336，同样可起屈光作用。

2. 感光系统

人眼的感光系统称为视网膜，作用是将光刺激转化为神经冲动，相当于相机内的感光胶片或CCD（光电转换元件）。视网膜厚度为0.1~0.5mm，主要由三层细胞构成，如图1-12所示。

最外层是视细胞层，包含锥体细胞和杆体细胞两种视细胞，它们是以形状而命名的。a为杆体细胞，长度为40~60μm，直径为2μm。b是锥体细胞，长度为28~58μm，直径为2.5~7.5μm。杆体细胞感光灵敏度高，能在明、暗条件下发挥作用，分辨细节能力低，不能辨别颜色；而锥体细胞感光灵敏度低，只能在明亮条件下发挥作用，具有精细分辨力，能很好地分辨颜色与细节。

第二层为双极细胞层（d、e、f、h），起联结视细胞与神经节细胞的作用。从图1-12中可以看出，每一个锥体细胞都与一个双极细胞相连，这样在光亮条件下，每个锥体作为一个单元，能够精细地分辨外界对象的细节。而杆体细胞则是几个才联结一个双极细胞，这是为了在黑暗条件下通过几个杆体细胞关联，对外界的微弱光刺激起相加作用，汇聚较多的光信号从而得到高的感光灵敏度，这正是杆体细胞能在很暗的环境中发挥作用的原因。

第三层是最内层，主要含有神经节细胞，它与视神经相联结，视神经穿过眼球后壁进入脑内的视觉中枢，从而将由光刺激转化而来的神经冲动信号做进一步的判断产生颜色感觉。

光线由角膜进入眼球至视网膜，先通过视网膜的第三层和第二层，最后才到达视细胞层（锥体细胞和杆体细胞）。人和其他脊椎动物的眼睛都具有这种感光细胞在最后层的"倒置"视网膜。视细胞与双极细胞和神经节细胞联结成一个个纵向体系，图1-12中，A、B、C是杆体细胞系统，D、E、F、G是锥体细胞系统，H是锥细胞与杆体细胞混合系统。

人眼的视网膜上共有1.07亿个视细胞，其中锥体细胞约700万个，杆体细胞约1亿个，杆体细胞数量远大于锥体细胞是由于必须将多个杆体细胞的反应汇聚在一起才能产生足够强的神经反应。两种视细胞在视网膜上不是像撒芝麻一样均匀分布的。在视网膜的中央部分有一特别密集的锥体细胞分布区域，其颜色为黄色，称为黄斑，直径为2～3mm。黄斑中心有一小凹窝，称为中央凹，这里是锥体细胞密度最大的地方，因此也是视觉最敏锐的地方。如图1-13所示，在视网膜中央的黄斑部位和中央凹大约3°视角范围内主要是锥体细胞，几乎没有杆体细胞。

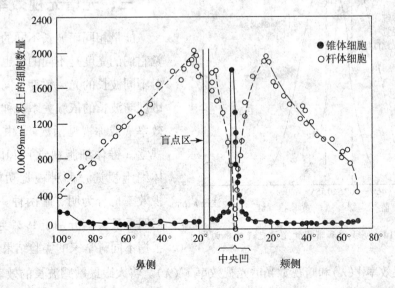

图1-13 视网膜上锥体细胞与杆体细胞的分布

离开中央凹向外，锥体细胞急剧减少，而杆体细胞逐渐增多，在离中央凹20°的地方，杆体细胞的数量最多。视网膜锥体细胞与杆体细胞的这种分布状态，是由视网膜中央及边缘的不同功能所决定的，视网膜中心为颜色视觉，视网膜边缘仅剩明暗感觉。视网膜神经纤维从四周向距中央凹约4mm的鼻侧处汇集，成为一圆盘状，称为视神经乳头，这里没有视细胞，因此没有视觉，故又称盲点，视神经及视网膜中央的动、静脉从这里通过。平时我们感觉不到盲点的存在是因为人有两只眼，同时眼球是可以转动的。

当我们注视物体时，物体所反射（或透射）的那部分光源的光进入眼睛，在角膜、房水、晶状体、玻璃体的共同作用下，成像于视网膜上。视网膜上的视细胞接受光刺激转化为神经冲动，经视神经进入脑内的视觉中枢，由视觉中枢判断后产生关于物体颜色、明暗、形状、大小等视感觉。

二、明视觉和暗视觉

如上所述，人眼有两种视细胞：锥体细胞和杆体细胞，这两种细胞有着不同的视觉功能。在明亮条件下，即环境亮度在几个 cd/m² 以上时，人眼的锥体细胞起作用，可以很好地分辨物体的颜色与细节，称为锥体细胞视觉或明视觉。人们正常的学习与工作都处于明视觉状态下。在昏暗条件下，即亮度在百分之几 cd/m² 以下时，人眼的杆体细胞起作用，只有明暗感觉，不能分辨颜色和细节，仅能感觉物体的大致轮廓，称为杆体细胞视觉或暗视觉。在明视觉和暗视觉之间的亮度水平条件下，称为中间视觉，这时由锥体细胞和杆体细胞共同参与视觉作用。

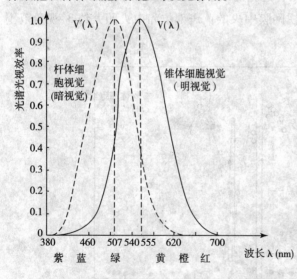

图1-14　明视觉和暗视觉光谱光视效率曲线

三、光谱光视效率

能量相同而波长不同的光，人眼感觉它们的亮度是不同的，也就是说眼睛对不同波长的光灵敏度不同。眼睛的灵敏度与波长的依赖关系，称为光谱光视效率（或称视见函数）。由于人眼有明视觉（锥体细胞视觉）和暗视觉（杆体细胞视觉）两种视觉功能，光谱光视效率也分为明、暗两种。CIE（国际照明委员会）分别于1924年和1951年根据不同科学家的实验结果规定了明视觉光谱光视效率 $V(\lambda)$ 和暗视觉光谱光视效率 $V'(\lambda)$。将人眼最敏感波长的效率值定为1，其他波长的光视效率值小于1，如图1-14、表1-3所示。

表1－3　明视觉与暗视觉光谱光视效率（最大值＝1）

波长 λ（nm）	明视觉 $V(\lambda)$	暗视觉 $V'(\lambda)$	波长 λ（nm）	明视觉 $V(\lambda)$	暗视觉 $V'(\lambda)$
380	0.00004	0.000589	440	0.023	0.3281
390	0.00012	0.002209	450	0.038	0.455
400	0.0004	0.00929	460	0.060	0.567
410	0.0012	0.03484	470	0.091	0.676
420	0.0040	0.0966	480	0.139	0.793
430	0.0116	0.1998	490	0.208	0.904
500	0.323	0.982	650	0.107	0.000677
510	0.503	0.997	660	0.061	0.0003129
520	0.710	0.935	670	0.032	0.0001480
530	0.802	0.811	680	0.017	0.0000715
540	0.954	0.650	690	0.0082	0.00003533
550	0.995	0.481	700	0.0041	0.00001780
560	0.995	0.3288	710	0.0021	0.00000914
570	0.952	0.2076	720	0.00105	0.00000478
580	0.870	0.1212	730	0.00052	0.000002546
590	0.757	0.0655	740	0.00025	0.000001370
600	0.631	0.03315	750	0.00012	0.000000760
610	0.503	0.01593	760	0.00006	0.000000425
620	0.381	0.00737	770	0.00003	0.0000002413
630	0.265	0.003335	780	0.000015	0.0000001390
640	0.175	0.001497			

　　在图1－14上，$V(\lambda)$ 和 $V'(\lambda)$ 的相对值代表等能光谱波长 λ 的单色光辐射所引起的人眼明亮感觉的程度。明视觉光谱光视效率曲线 $V(\lambda)$ 的最大值为555nm，即眼睛对波长为555nm的黄绿光最敏感，在相同能量的光中感觉最亮，越趋向光谱两端的光感觉越弱，越显得发暗。暗视觉曲线的 $V'(\lambda)$ 最大值为507nm，即507nm处最明亮。整个 $V'(\lambda)$ 曲线相对于 $V(\lambda)$ 曲线向短波方向推移了48nm，而且长波端的能见范围缩小，短波端的能见范围略有扩大。由于人的视觉对于 380～400nm 和 700～780nm 波长范围的光不敏感，故可见光区时常选为 400～700nm。

　　CIE明视觉和暗视觉光谱光视效率是光度学计算的重要依据。CIE推荐采用明视觉和暗视觉光谱光视效率 $V(\lambda)$ 和 $V'(\lambda)$ 作为标准光度观察者，代表人眼的平均（光）视觉特性。按照CIE标准光度观察者来评价的辐通量 Φ_e 即为光通量 Φ_v。辐通量是物理量，是从光源角度考察的辐射能量，而光通量所表示的是辐射量作用于人眼后人所感觉的光能量的多少。因为人眼对于不同波长的光的感受能力差距很大，所以不能够直接以辐射能量的大小代表人对光能强弱的感觉，必须结合光谱光视效率来考虑。辐通量与光通量的关系式为以下两种。

明视觉为：
$$\Phi_v = K_m \int_{380}^{780} \Phi_e(\lambda) V(\lambda) d\lambda \qquad (1-11)$$

暗视觉为：
$$\Phi_{v'} = K'_m \int_{380}^{780} \Phi_e(\lambda) V'(\lambda) d\lambda \qquad (1-12)$$

式中　　$V(\lambda)$——明视觉光谱光视效率；

$V'(\lambda)$——暗视觉光谱光视效率；

Φ_v，$\Phi_{v'}$——光通量，单位是流明（lm）；

$\Phi_e(\lambda)$——以波长为自变量的辐通量，单位是瓦（W）；

K_m——683 流明/瓦（lm/w）；

K'_m——1755 流明/瓦（lm/w）。

对于锥体细胞与杆体细胞共同作用的中间视觉的光谱光视效率，尚无明确的数据，仍待进一步研究。

四、视角、视力与视场

1. 视角

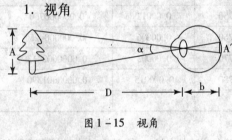

图 1-15　视角

物体的大小对眼睛所形成的张角称为视角。如图 1-15 所示，A 是物体的大小，D 为物体 A 至眼睛节点的距离即为视距。物体在视网膜上成像 A'，α 为物体 A 对眼睛所形成的视角。视角可用下面公式计算：

$$\mathrm{tg}\,\frac{\alpha}{2} = \frac{A}{2D}$$

于是当 α 很小时，有 $\mathrm{tg}\,\dfrac{\alpha}{2} \approx \dfrac{\alpha}{2}$

$$\alpha = \frac{A}{D}（弧度） = 57.3\,\frac{A}{D}（°）$$

$$或\ \alpha = \frac{A'}{b}（弧度） = 57.3\,\frac{A'}{b}（°） \qquad (1-13)$$

于是物体 A 在视网膜上的像 A' 的大小即可算出：

$$A' = 17\mathrm{tg}\alpha = 17\,\frac{A}{D}（mm） \qquad (1-14)$$

可见，物体 A 的大小虽然是一定的，但它在视网膜上的成像尺寸还是有赖于视角 α 的。视角的大小与物体至眼睛的距离成反比。同一物体，距离远了看不清，是因为视角小造成视网膜成像小；离近了就看清楚了，是因为视角增大，视网膜上所成的像也随之增大了，所以看起来清晰了。

2. 视力（视觉敏锐度）

视力表示视觉辨认物体细节的能力，也称为视锐度。具有正常视力的人，能够分辨物体空间两点间所形成的最小视角为 $\alpha = 1'$［视角可用弧度和度（°）、分（′）、秒（″）来表

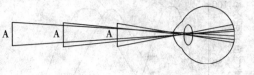

图 1-16 视角随距离的变化

示，1 弧度 = 57.3°，1° = 60′，1′ = 60″]。临床医学上视力是以视角进行计算的。视力（视锐度）V 是以视觉所能分辨的以角度分为单位的视角的倒数，即

$$V = \frac{1}{\alpha(')} \tag{1-15}$$

在我国规定，当人的视觉能够分辨 1′角所对应的物体细节时，他的视力便为 1.0，并以此作为正常视力的标准。

3. 视场

视角 α 所对应的圆面积，称为视场。例如：当观察距离 $D = 250mm$，视角 $\alpha = 10°$时，所对应的视场半径 r 为：

$$r = \frac{A}{2} = D \cdot tg \frac{\alpha}{2} = 250 \times \frac{5}{57.3} = 21.9 \ （mm）$$

同理可得观察视距为 250mm 时，1°、2°和 4°视角所形成的视场半径分别为 2.19mm，4.36mm 和 8.72mm。由于视网膜上视细胞的分布特点及黄斑区的存在，颜色观察时样品的大小、距离的远近等能带来视场变化的条件都必须加以严格的限制。

第四节 颜色的判定

人眼及视觉中枢究竟如何将光刺激分辨为不同的颜色感觉一直是科学家们研究的课题，形成了许多学派，因为各自都有大量的事实和实验作为依据，但又存在不足之处，故在很长的时期没有形成统一的结论。比较有代表性的颜色视觉理论有两类：一个是杨－赫姆霍尔兹的三色学说，另一个是赫林的"对立"颜色学说。现代颜色科学界将这两个古老的理论加以综合，重新定位形成能够较圆满地解释各种颜色混合及视觉现象的"阶段"学说。

一、三色学说

这一学说由 19 世纪的杨－赫姆霍尔兹提出，后人进一步研究又不断发展验证了这一理论。

15

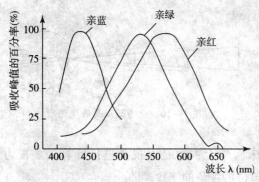

图 1-17 视网膜不同锥体细胞的光谱吸收率曲线

从人们熟知的三原色以不同比例能混合出各种不同色彩的颜色混合现象出发，三色学说指出，人眼视网膜上含有三种不同类型的锥体细胞，这三种锥体细胞中分别含有三种不同的视色素，分别称为亲蓝、亲绿、亲红视色素，并通过实验手段测得这三种光谱敏感性不同的视色素的光谱吸收峰值分别在 440~450nm；530~540nm；560~570nm 处，它们的光谱吸收曲线如图 1-17 所示。

外界不同波长的光辐射进入人眼后被这三种锥体细胞按它们各自的吸收特性所吸收，三种色素吸收光后产生光化学反应，引起神经活动，经双极细胞和神经节细胞传导给视神经，再由视神经将冲动传至大脑内的视觉神经中枢，大脑将这些信息综合产生颜色感觉。例如，红光刺激时亲红视素兴奋产生红色感觉；黄光刺激时亲红、亲绿视素同时兴奋，大脑将产生黄色感觉，假如亲红、亲绿视素兴奋比例不断变化，将产生橙色或黄绿色的感觉等。如果亲红、亲绿、亲蓝三种视素同时受红、绿、蓝三种色光等量刺激产生兴奋时，就得到白色的感觉。人眼的明亮感觉是三种锥体细胞所产生的明亮感觉之和。

杆体细胞由于只含有一种视紫红视素，对于不同波长的光刺激均只有明暗感觉，不能分辨颜色。视紫红视素的光谱响应曲线就是暗视觉光谱光视效率曲线 $V'(\lambda)$。

三色学说理论能很好地解释说明各种颜色混合现象——在颜色混合中，混合色是三种感色细胞按特定比例兴奋的结果，因此颜色刺激不要求是连续光谱。三色学说可以通过将红、绿、蓝三束单色光混合的实验加以验证。改变红、绿、蓝光比例，将混合出包括白光在内的各种不同色光。三色理论是现代色度学的基础，颜色的定量描述与测量都是以三色理论为指导的。现代的彩色印刷、彩色摄影以及彩色电视技术都是建立在三色学说基础上的。

三色学说对有些颜色现象不能很好地解释。如人类的视觉缺陷之一色盲现象，因为色盲通常是没有红、绿色觉的红-绿色盲、没有黄、蓝色觉的黄-蓝色盲或完全没有色觉就像看黑白电影的全色盲，单色盲是不存在的。色盲的病因无法用三色学说的缺少一至三种感色细胞的说法解释，因为红-绿色盲仍然具有红、绿视素同时兴奋才可产生的黄色感觉，而全色盲仍然具备明亮感觉，如果依照三色学说解释同时缺少三种感色细胞是不可能的，那样的话就成了完完全全的盲人了。除此之外，三色理论还不能解释为什么见不到带绿的红、带黄的蓝以及颜色对比、负后像现象等。

二、四色学说

四色学说于 1864 年由赫林提出，又称对抗颜色理论。由于赫林观察到的颜色现象总是以红－绿、黄－蓝、黑－白成对关系出现，因而假设视网膜中有三对视素：白－黑视素、红－绿视素、黄－蓝视素，这三对视素的代谢作用包括建设（同化）和破坏（异化）两种对立的过程。光刺激破坏白－黑视素，引起神经冲动产生白色感觉，刺激量小时是灰色感觉，无光刺激时白－黑视素便重新建设起来，所引起的神经冲动产生黑色感觉。对红－绿视素，红光起破坏作用，绿光起建设作用。对黄－蓝视素，黄光起破坏作用，蓝光起建设作用。表1－4列出了四色学说的视网膜视素。因为各种颜色都有一定的明度，即含有白色光的成分，所以每一颜色不仅影响其本身视素的活动，而且也影响白－黑视素的活动。三对视素的代谢作用如图1－18所示。

表1－4 四色（赫林）学说的视网膜视素

感光化学视素	视网膜过程	颜色感觉
白——黑	有光——破坏	白
	无光——建设	黑
红——绿	红光——破坏	红
	绿光——建设	绿
黄——蓝	黄光——破坏	黄
	蓝光——建设	蓝

图1－18中x－x线以上是破坏作用，以下是建设作用。曲线a是白－黑视素的代谢作用；曲线b是黄－蓝视素的代谢作用；曲线c是红－绿视素的代谢作用。曲线a的形状表明了光谱色的明亮感觉在黄绿处最高，与明视觉光谱光视效率$V(\lambda)$曲线一致。各种光谱组成的光作用于人眼所引起的三对视素的对立活动的组合产生各种颜色感觉和各种颜色混合现象。

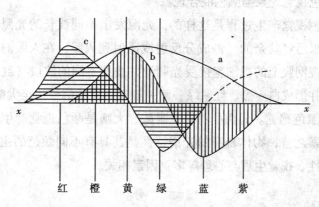

红　橙　黄　绿　蓝　紫

图1－18 四色（赫林）学说的视素代谢作用

显然赫林学说能够很好地解释色盲现象：色盲是由于缺乏一对视素（红－绿或黄－蓝）或两对视素（红－绿与黄－蓝）的结果。这一解释与色盲常是成对出现（即红－绿色盲或黄－蓝色盲）的事实是一致的。同时缺乏红－绿与黄－蓝两对视素时便产生全色盲，但全色盲仍有白－黑视素，还有明、暗感觉。

四色学说的最大缺憾是不能说明红、绿、蓝三原色光能混合出一切光谱色这一现象，而这一物理现象恰恰是近代色度学的基础。

三、阶段学说

通过采用现代先进的实验方法、材料进行深入研究，证明三色学说、四色学说并不是不可调和的，其实它们只是分别对问题的一个方面取得了正确的认识，只有将二者结合起来，相互补充才能全面理解和正确认识颜色视觉的本质。

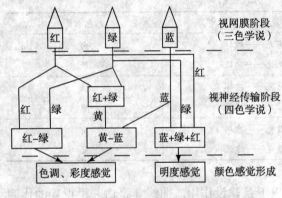

图 1－19　阶段学说颜色视觉过程示意图

现代一些科学家提出了"阶段"学说，认为颜色视觉过程可以分为两个阶段：第一阶段为视网膜阶段，认为视网膜内有三种独立的锥体感色物质，它们选择地吸收光谱不同波长的辐射，同时每一物质又可单独产生白和黑的反应，在强光作用下产生白的反应，无外界刺激时产生黑的反应。第二阶段为视神经传输阶段，当神经兴奋由锥体细胞向视觉中枢的传导过程中，红、绿、蓝三种反应又重新组合，最终形成三对对立性的神经反应：白－黑，红－绿，黄－蓝。图1－19是这个过程的示意图。阶段"学说"将两个古老的、对立的学说统一了起来，从而更加完美地解释各种颜色视觉现象与颜色混合现象。

综上所述，颜色视觉产生过程是这样的：光源发出不同波长的光照在物体表面，物体经过选择性吸收以后将其余的光谱成分反射或透射到人眼，在人眼的屈光系统作用下成像于视网膜上，视网膜上的视细胞接受光刺激并按照不同的波段（红、绿、蓝）转化为相应的神经冲动并形成白－黑、红－绿、黄－蓝三路神经信号传至大脑内的视觉中枢，进而综合判断产生颜色感觉。光源、物体、眼睛、大脑是颜色视觉产生过程中的四大要素，光源是四大要素之首，物体自身的光谱特性是其具有不同颜色的主要原因，但也与照明光源的光谱特性、视觉生理与心理等多重因素相关。

复习思考题一

1. 详细阐述颜色视觉产生的过程以及形成色觉的四要素各自所起的作用。

2. 什么是可见光？可见光的波长范围是多少？不同颜色感觉所对应的大致波段范围

是多少?

3. 简述下列概念：单色光、复色光、光谱、色散。

4. 什么是光谱分布？根据相对光谱功率分布曲线可以将光源分为哪几类？

5. 物体呈现不同颜色的主要原因是什么？为什么说有光才有色？

6. 什么是（光学）密度？它为何能反映印刷品的颜色？

7. 分述眼睛屈光系统和感光系统的组成及作用。

8. 阐述明视觉与暗视觉的特点与区别。

9. 什么是光谱光视效率？它有何重要意义？

10. 试从形状、数量、分布状况及功能四方面比较锥体细胞和杆体细胞的不同。

11. 介绍有关颜色判定方式的三色、四色及阶段学说。

12. 什么是视角、视力、视场？结合视网膜上两种视细胞的分布讨论视场的大小是否会对颜色视觉产生影响？

第二章　颜色的视觉规律

颜色是光作用于人眼所引起的视觉反应，是一种感觉，它不仅与照明条件、物体的光谱特性有关，还与人的视觉生理、视觉心理、经验记忆以及观察环境紧密相关，颜色感觉的不确定性很强。

第一节　颜色的分类与特性

假如让你面对成百上千种纷繁杂乱的颜色，你一定会产生一种"太乱了，应当想办法整理一下"的念头，下面就是教你怎样使颜色看起来有规律。

一、颜色的分类

首先可以将颜色划分为彩色和非彩色两大类。颜色是彩色和非彩色的总称，"没有颜色"应当是指像真空一样完全透明而不是表示白、灰或黑色。

非彩色是指白色、黑色和各种深浅不同的灰色，彩色是指白、黑系列以外的各种颜色。

二、颜色的特性

非彩色只有一个明度特性，可以用一个变量或数轴来表示。

彩色则需三个特性来描述，这三个特性是明度、色调、饱和度，如彩图 2 所示。

1. 明度是人眼对物体的明亮感觉

非彩色系列由白色渐渐到浅灰、再到中灰再到深灰，直到黑色的变化，即明度由最大渐变至最小，可用一条直线表示。如图 2 - 1 所示直线一端是纯白，另一端是纯黑，中间为各种过渡的灰色。当物体表面对可见光谱所有波长辐射的反射率都在 80% ~ 90% 以上时，该物体为白色，明度很高；当其反射率均在 4% 以下时，该物体为黑色，只有很低的明度。白色、黑色和灰色物体对光谱各波长的反射没有选择性，它们是中性色。对于发光物体来说，非彩色的白黑变化相应于白光的亮度变化，亮度高时人眼感觉是白色；亮度低时感觉是灰色；无光时是黑色。

对于彩色物体，其表面对于光的反射率越高，则明度就越高。彩色发光物体的可见光辐射越强，亮度越高，明度也越高。如图 2 – 2 所示，曲线 A 的明度大于曲线 B。

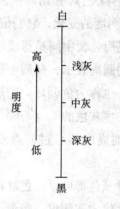

图 2 – 1　非彩色的明度变化

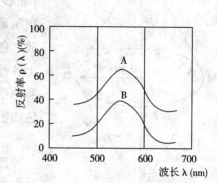

图 2 – 2　彩色物体的明度差异

2. 色调是彩色彼此相互区分的特性

不同波长的单色光表现为各种色调，如红、黄、绿、蓝、紫等。发光物体（光源）的色调决定于它的可见光辐射的光谱分布。非发光物体的色调决定于照明光源的光谱组成和物体自身的光谱反射（透射）特性，即物体反射（透射）光的光谱分布。通常光谱分布曲线峰值所对应的波长决定色调。

色调可以通过光谱反射率曲线的形状来表示，如图 2 – 3 所示，曲线 A 与曲线 B 的峰值不同，光谱分布的范围不同，色调分别为红色与蓝色。

3. 饱和度是彩色的纯洁性或鲜艳程度

可见光谱的各种单色光是最饱和的彩色。物体色的饱和度决定于物体选择性反射（透射）特性，选择性越强，光谱范围越窄，饱和度越高。非彩色物体光谱曲线为一条直线，没有选择性，饱和度为 0。如图 2 – 4 所示，物体反射光的光谱带越窄，它的饱和度越高，曲线 A 的饱和度大于曲线 B。

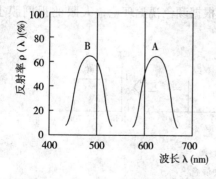

图 2 – 3　彩色物体色调的差异

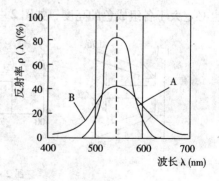

图 2 – 4　彩色物体饱和度的差异

三、色立体

用一个三维空间纺锤体可以把颜色的三个特性——明度、色调和饱和度全部表示出来,如

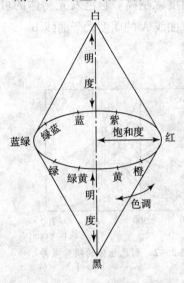

图 2－5 色立体

图 2－5 所示。色立体的垂直方向代表颜色明度的变化,同一水平面上的颜色具有相同明度。白黑系列(非彩色)颜色只有明度的变化,它们位于垂直轴上,顶端是白色,底端是黑色,中间是深浅不同的灰色过渡。色调由水平面的圆周表示,圆周上各点代表光谱上各种不同的色调,也称为色调环。圆形的中心是非彩色系列的中灰色,中灰色的明度与圆平面上所有颜色的明度相同。从圆周向圆心过渡表示饱和度逐渐降低。

因此,任何一种颜色都可以在色立体中找到自己的位置,颜色在色立体中按明度、色调、饱和度的不同有规则地排列,这样看起来即使颜色数量再多也不会显得杂乱无章了。

第二节　颜色混合规律

颜色是可以混合的,根据颜色混合后光谱成分究竟是增加了还是减少了,可以将颜色混合分为加色法混色与减色法混色两种形式,见彩图 3。

一、加色法混色与加色三原色

色光混合后,混合色光辐射能的光谱分布是每个参加混色的色光光谱分布的简单相加,故称为颜色相加混合或加色法混色。加色混色的结果除了颜色改变外,混合色的亮度也必定大于各组成色的亮度,如图 2－6 所示。根据颜色视觉理论,人眼的视网膜上有

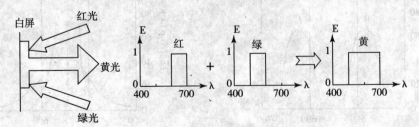

图 2－6　加色法混色

三种锥体细胞，分别含有感红、感绿、感蓝三种视素，对于自然界中的各种颜色，由于其光谱组成不同，因而引起这三种视素吸收量不同，产生了不同的颜色感觉。于是可以利用红、绿、蓝三原色光不同比例的变化，实现对三种视素不同程度的刺激，来混合出各种各样的颜色，彩色电视就属于这一类加色法混色。

二、减色法混色与减色三原色

颜色的混合可以是色光的混合，也可以是染料（包括油墨）的混合。染料混合后，混合色为光源的光谱分布减去被几种染料分别吸收掉的光谱成分后所剩余的光谱分布所带来的颜色感觉，故称为颜色相减混合或减色法混色，其作用相当于使白光先后通过不同的滤色片，最终透过滤色片的光在人眼中所形成的颜色被看做是几个滤色片的混合色，如图 2-7 所示。

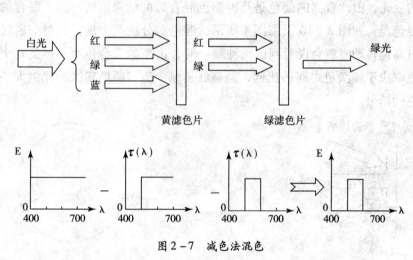

图 2-7　减色法混色

减色混色的结果是随着混合色的增多，颜色必定要变暗，直至成为黑色，这就是不会画画的人用各种颜料涂来改去的作品为什么会被称为"涂鸦"。

彩色印刷选用红、绿、蓝的补色青、品红、黄来控制进入人眼的红、绿、蓝光的数量。如图 2-8 所示，实线为理想油墨印在白纸上的光谱反射率曲线，箭头指向是被油墨吸收的光谱成分，可以看出，每种油墨都是固定吸收可见光波段光谱成分的三分之一，反射其三分之二。

图 2-8 中，虚线代表实际油墨的反射情况。选择青、品红、黄作为减色法三原色的原因就是利用它们的选择性吸收特性，以一定比例的青、品红、黄混合，分别吸收一定比例的红、绿、蓝光，控制红、绿、蓝三原色光的剩余数量，余下的光谱成分进入人眼形成所要复制的颜色。

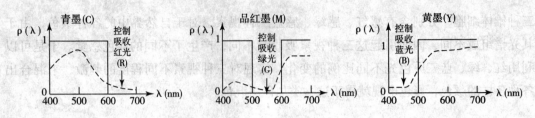

图 2-8 三原色油墨光谱反射率曲线

三、色光混合的三种形式

1. 不同颜色的色光在眼睛以外的空间进行混合，形成混合光后进入眼睛，此时看到的颜色就是混合后的颜色，如图2-9中所示。

2. 不同颜色以较高频率交替变化，由于人眼的视觉暂存作用，颜色感觉的变化落后于颜色光的变化，因此看到的颜色是几种颜色混合后的结果。这种颜色混合的典型例子是颜色的混色盘，如图2-10及彩图4所示。混色盘分成几个扇区，每个扇区为一种颜色，当圆盘高速转动时就会仅看到由几种颜色混合出来的混合色而不再是几个扇区的图形。混合色取决于各颜色之间的比例，调整红、绿、蓝三原色扇区的比例大小，就可以改变混合色的结果。

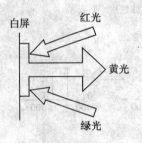

图 2-9 颜色的相加混合

图 2-10 混色盘

3. 颜色的光点很小并且距离很近，以致人的眼睛不能看出每一个小光点，而是看到几个光点颜色混合后的结果，相当于颜色光在眼睛的视网膜上进行混合。彩色电视和彩色印刷都利用了这种混色原理，彩图5所示为印刷网点放大图。

四、色光混合规律——格拉斯曼定律

1854 年，格拉斯曼（H. grassmann）在色光加色混合与颜色匹配实验（用红、绿、蓝三种颜色的光以不同比例混合以产生各种不同颜色的实验）的基础上总结出颜色混合的基本规律，称为格拉斯曼定律。即：

1. 人的视觉只能分辨颜色的三种变化：明度、色调、饱和度。

2．在由两个成分组成的混合色中，如果一个成分连续地变化，混合色的外貌也连续地变化。

由这一定律导出两个推论：

（1）补色律。每一种颜色都有一个相应的补色。如果某一颜色与其补色以适当比例混合，便产生白色或灰色（即非彩色）；如果两者按其他比例混合，便产生近似比重大的颜色成分的非饱和色。

（2）中间色律。任何两个非补色相混合，便产生中间色，其色调决定于两颜色的相对数量，其饱和度决定于两者在色调顺序上的远近。

补色律与中间色律用色调环很容易表示清楚。色调环上任意两个颜色相混合时，其混合色的位置一定在连接此两色的直线上，而且按两颜色成分的比例靠近比重大的颜色。色调环圆心对边的任何两种颜色都是互补色：红和绿是互补色，黄和蓝是互补色。

3．颜色外貌相同的光，不管它们的光谱组成是否一样，在颜色混合中具有相同的效果。也就是说，凡是在视觉上相同的颜色都是等效的。

由这一定律导出颜色的代替律：

两个相同的颜色，各自与另外两个相同的颜色相加混合后，颜色仍相同。用公式表示为

$$A \equiv B, \quad C \equiv D$$

则

$$A + C \equiv B + D$$

式中符号"$\equiv$"表示颜色外貌相同。

两个相同的颜色，每个相应地减去相同的颜色，余下的颜色仍然相同。用公式表示为

$$A \equiv B, \quad C \equiv D$$

则

$$A - C \equiv B - D$$

一个单位量的颜色与另一个单位量的颜色相同，那么这两种颜色数量同时扩大或缩小相同倍数则两颜色仍为相同。用公式表示为

$$A \equiv B$$

则

$$nA \equiv nB$$

根据代替律，凡是视觉上相同的色光，便可以相互替代，所得的视觉效果是相同的。因此可以利用颜色混合方法来产生或代替所需要的颜色。例如，设 $A + B \equiv C$，如果没有 B 种颜色，但已知 $X + Y \equiv B$，那么 $A + (X + Y) \equiv C$。这个由代替而产生的混合色与原来的混合色具有相同的视觉效果。代替律是一条非常重要的定律，现代色度学和颜色复制理论就是建立在这一理论的基础上。

4．混合色的总亮度等于组成混合色的各种颜色光的亮度之和，称为亮度相加定律。

需要强调的是，格拉斯曼定律仅适用于各种颜色光的相加混合过程，颜料的混合、滤色片或油墨墨层的叠合等减色混色过程不遵从格拉斯曼定律。

第三节　同色异谱现象

同色异谱是指两个颜色样品能够产生相同的颜色感觉，但却具有不同的光谱组成的现象。人们对于它可是毁誉参半呢！称赞它的人们看重的是可以用不同的材料组成所需的颜色，比如能发出日光色的荧光灯；仅利用三色荧光粉发光就能构成绚丽图像的彩色电视机。抱怨它的人们的烦恼在于明明看好了一样的颜色，换了个地方就不一样了，比如在商场里看好的衣服到了户外颜色却显得不如意了；在印刷车间里检验合格的产品广告，客户在张贴时发现颜色在某些场合严重走样。

不能将同色异谱现象看做是一种错误，它只是基于人眼组成与功能的一种特性。人的眼睛只包含三种视素——感红、感绿、感蓝，有着不同的光谱灵敏范围，分别对长、中、短波的光起反应，大脑根据三种视素引起的神经反应强弱比例不同判断所观察颜色中红、绿、蓝光的比例，从而产生最终的颜色感觉。所以说颜色感觉是与光源的光谱分布、物体的光谱透射（反射）率及感光视素的光谱灵敏度共同决定的，这样就会出现其中的光谱特性（光源、物体、眼睛）不同，而颜色感觉最终一致的情况，即同色异谱现象。最常见的同色异谱有光谱分布不同的光源具有相同的颜色，如日光灯与中午的太阳光、光谱反射率不同的物体在日光下看起来同色（而在白炽灯下颜色差异较大）、光谱反射率不同的物体在小视场下同色（换作大视场就不同色了）等。彩图6显示了同色异谱现象产生的原因。

由此可见，同色异谱中的"同色"可以说是一种动态中的平衡，当其中的条件之一发生改变，平衡就会被打破，颜色差异出现了，烦恼也随之产生。然而你必须接受它，并学会与它和平共处，比如不在街灯下的摊位上买衣服，将印刷车间的照明灯换成显色性好的等，毕竟同色异谱为我们带来了大大的好处，不信的话就请设想一下将四色印刷换成几千种颜色油墨印刷的景象。

第四节　需要注意的颜色视觉现象

有一句俗话叫做"耳听为虚，眼见为实"，可是对于颜色观察来说，观察条件、观察过程、身体状况、情绪好坏等都会带来影响，不能确定看到了"真实"的颜色。下面介绍几种值得关注的颜色视觉现象。

一、视网膜的颜色区

由于视网膜中央凹部位与边缘部位分布着不同的视细胞，中央视觉主要是锥体细胞起作用，边缘视觉主要是杆体细胞起作用，锥体细胞与杆体细胞的视觉功能不同，所以视网膜不同区域的颜色感受性亦有所不同。具有正常颜色视觉的人的视网膜中央能分辨各种颜色，由中央向边缘过渡，锥体细胞减少而杆体细胞逐渐增多，于是对颜色的分辨能力逐渐减弱，直到对颜色的感觉消失。在与中央区相邻的外围区域先丧失红、绿色的感受力，再向外围，对黄、蓝色的感觉也丧失，而成为全色盲区。因此，人的正常色视野的大小视颜色而不同。在同一光亮条件下，白色视野的范围最大，其次为黄蓝色，红绿色视野最小，彩图 7 所示为右眼的视网膜颜色区。由于视网膜颜色区的存在，观察及测量颜色时必须要注意视场角度的大小，它会对观测结果产生影响。通常对于从事颜色及彩色复制工作的人来说，多采用 2° 视场的中央视觉条件。

二、颜色恒常性

外界照明条件发生了一定范围的变化后，人们对物体的颜色感觉仍保持相对不变的特性，这就是颜色恒常性。

前面已经分析过物体的颜色是通过对照在其表面光线的光谱成分选择性吸收后，反射（或透射）剩余的色光而产生的。然而一天之中我们周围物体表面所受的光照度（投射到单位面积上的光通量。单位：勒克斯 lx，$1lx = 1\ lm/m^2$）会有很大的不同，中午与早、晚，晴天与阴天照度会相差几百倍，同时太阳光的光谱分布也会有较大的变化，例如早晚时候由于光照角度与大气色散作用，长波的光谱成分相对增多，日光偏红，各种人工光源光谱分布更是千差万别，但我们的视觉仍然保持对物体颜色感觉在一定范围内的恒常性，即对同样的物体颜色感觉基本不变。红花永远是红的，绿叶永远是绿的。虽然阳光下的煤块其单位面积反射的光通量要比夜晚的白雪高成百上千倍，但白雪总是白的，煤块总是黑的，不会颠倒混淆。

对于颜色恒常现象有多种解释，有人认为与物体的物理属性有关；有人认为与人的记忆、经验、知识有关，受一定的心理因素支配；还有人认为是与周围环境的参照对比有关，因为照明光既照射在物体上也照射在背景上，所以物体的颜色可保持相对的恒常性。如果我们将参照条件破坏，恒常性也可能会受到破坏而发生很大变化。例如将一张白纸用红光照射，如果让观察者看到光源及纸的全貌，他很有可能仍将纸"看"成是白色的；而如果让受试者通过一个小孔仅仅去看被红光照射的白纸的一小块面积时，他会将白纸看成是红色的。对于颜色恒常性现象目前还不能完全解释清楚。

三、色适应

由于环境光对眼睛的持续作用，致使眼睛对环境光产生一定的抵消作用，而使颜色视觉受影响的现象称为色适应。色适应包括亮度适应和颜色适应。

1. 亮度适应

人眼具有在照明条件相差很大的情况下工作的能力，但需要有一个生理调节过程对光的亮度进行适应，以获得相对清晰、真实的影像，这个过程称为亮度适应。这里所指的生理调节过程包括瞳孔的缩放和视觉二重功能的更替两个方面。亮度适应分为明适应和暗适应两种情况。

（1）明适应。当人由暗环境进入亮环境时，一开始会感到光线刺眼，睁不开眼睛，无法看清物体，但经过一分钟左右时间，人眼就适应了，能够获得清晰的视觉，这种适应过程称为明适应。这段时间内包含了两种生理调节过程：瞳孔缩小，减少入眼光能量；同时由杆体细胞起作用迅速转变为锥体细胞起作用，即由明视觉取代了暗视觉，人们又能看清周围物体的颜色与细节了。

（2）暗适应。当人由亮环境进入暗环境时，开始人眼同样会感觉到不适应，看不清周围的物体，经过十几分钟后，人眼重新适应了新的亮度水平，能够看清周围物体，这种适应过程称为暗适应。暗适应的生理调节过程与明适应相反，这种变化为：瞳孔放大，增加入眼光能量；同时由锥体细胞起作用转变为杆体细胞起作用，即由暗视觉取代明视觉。视觉感受性在进入黑暗中的十五分钟内能提高数万倍，视觉达到完全暗适应最长需要四十分钟之久。

2. 颜色适应

在明视觉状态下，视觉系统在颜色刺激的作用下所造成的颜色视觉变化称为颜色适应。颜色适应过程是这样的：人眼对某一颜色光适应以后再去观察另一物体颜色时，不能马上获得客观的颜色感觉，而是带有先适应色光的补色成分，需要经过一段时间适应后才能获得客观的颜色感觉。例如，当眼睛较长时间注视一块大面积的红色样品后，再去观察黄色样品，这时黄色样品上会显现出绿色，经过一段时间，眼睛会从红色的适应中恢复过来，绿色逐渐消退，黄色逐渐还原。同样，若先对绿色适应会使黄色变红。一般说来，对某一颜色光预先适应后则眼睛对该颜色不再敏感，当观察其他颜色时，则其他颜色的明度和饱和度都会降低，颜色感觉向被适应颜色的相反方向变化。颜色适应的这种作用也称为负后像，彩图8所示为负后像现象观察样张。明度也有负后像，在灰色背景上注视白色纸片较长时间，拿走白纸片，白纸片的地方会出现较暗的负后像，注视黑纸片后会出现较亮的负后像。负后像现象用颜色视觉理论中的四色学说可以很好地解释，这是由于长时间观察一种颜色后，相关视素的对立活动开始所引起的。

因此，在颜色视觉实验中，如果先后在两种不同环境下观察颜色，就必须考虑到前一环境对视觉的颜色适应影响，应当过几分钟以后再进行颜色观察工作。印刷生产过程中观测颜色要尽量保证照明和观察条件的一致。

四、颜色对比

在视场中，相邻区域的不同颜色的相互影响称为颜色对比。它包括明度对比、色调对比和饱和度对比，如彩图9所示。

1. 将相同的灰色块分别置于白色背景和黑色背景上，结果在白背景上的灰色块看起来比在黑背景上的要暗，这种将明暗不同的物体并置于视场中会感到明暗差异增强的现象称为明度对比。书刊杂志正文多用"白纸黑字"，清晰醒目，即是明度对比的应用。

2. 将色调相同而饱和度不同的颜色并置于视场中，会感到两颜色的饱和度差异增强了，高饱和度的更鲜艳，而低饱和度的则更淡了，这种现象称为饱和度对比。

3. 在蓝色背景上放一小块白纸，用眼睛注视白纸中心几分钟，白纸会现出淡淡的黄色，如果背景是红色，白纸会现出绿色。红和绿是互补色，黄和蓝也是互补色，每一种颜色都会在其周围诱导出其补色。两种不同色调的颜色并置于视场中，每一种颜色的色调都向另一颜色的补色方向变化，从而增强了两颜色色调的差异，这种现象称为色调对比。如果两颜色是互补色，则色调对比的结果是加强彼此饱和度。如我们常说的"红花还要绿叶衬"，讲的就是这个效果。

颜色对比现象用颜色视觉理论中的四色学说可以很好地解释，这是由视网膜相邻区域视素的对立活动引起的。

颜色视觉现象还远不止我们介绍的这几种，目视观察评价颜色受环境的影响很大，因此必须严格控制观察条件。准确定量的颜色描述必须通过仪器来完成，用相应的手段和方法对颜色进行定量测量和计算。印刷复制领域不能仅凭主观评价而必须推行数据化、规范化、标准化的客观评价。

第五节　颜色心理现象

颜色是光作用于人眼所引起的一种心理感觉，它不是一种单纯的物理量，因此不可避免地与人类的进化演变进程、生存环境、民族与宗教信仰、知识与记忆、个人喜好与习惯等存在不知不觉的联系，颜色评价是否"客观"难以界定。

一、颜色的心理感受

这里讲的是由于颜色的基本特性（明度、色调、饱和度）所引起的人们带有共性的、固有的感情反应，如颜色的冷暖感、轻重感、空间感、华丽与质朴感等。

1. 颜色的冷暖感

太阳与火给我们带来热量，使人们感觉温暖，与火光相近的颜色也会使人心里产生暖意；冬天居室里布置一些红橙色的装饰物可以令人倍感温暖舒适。海水、森林凉爽宜人，与之相关的色彩给人们的心里送来凉意。白色反射光能力最强，黑色吸收光能力最强，夏天穿白色衣服相对凉快，白色也是冰雪的颜色，白色相对于黑色为冷色。颜色的冷暖感是由人的习惯与经验而产生的一种心理反应，不代表真实的温度。

可以做这样一个实验，将两只手分别放入红、蓝两盆同样是 40°C 的温水中，红色的水比蓝色的水会让你感觉温度高，甚至有点烫。但假如蒙上眼睛去感受的话，结果会是两盆水温度一样。

从色彩心理学角度来讲，红橙色被视为最暖的颜色，蓝绿色被视为最冷的颜色。它们在色立体上的位置被称为暖极和冷极，离暖极近的为暖色，离冷极近的为冷色，其余为冷暖的中间色，如紫色、黄绿色。

同一颜色无论冷暖，加白后会偏冷，加黑后会偏暖。也就是说，同一色调中也有冷暖的感觉。

2. 颜色的轻重感

颜色的轻重感主要决定于明度，明度越高感觉越轻，明度越低感觉越沉重。如果让人搬一白一黑两个同样重量和大小的箱子，他会觉得搬黑色箱子时要吃力些。明度相同的颜色，饱和度高的比饱和度低的感觉轻，冷色调的比暖色调的感觉轻。对于彩色图画，颜色对比强的有重感，对比弱的有轻感。

3. 颜色的强弱感

颜色的强弱感与明度和饱和度有重要关系。明度低而饱和度高的颜色感觉强，饱和度低而明度高的颜色感觉弱。颜色的强弱感几乎与色调无关，所以强感的颜色是较暗的、鲜艳的颜色；弱感的颜色是明亮的、混浊的颜色。

4. 颜色的软硬感

颜色的软硬感与明度有直接关系。明度越高越有软感，明度越低越有硬感。高饱和度且对比强烈的颜色呈硬感觉，低饱和度且对比较弱的颜色呈软感觉。

5. 颜色的空间感

总的来看，暖色调、高明度、高饱和度、强对比的颜色有前进感和膨胀感，看着显大；冷色调、低明度、低饱和度、弱对比的颜色有后退感、收缩感，看着显小。

现在法国三色国旗中的三条彩色条纹不是严格相等的，蓝、白、红三色的宽度比是30∶33∶37，最初的法国国旗是按蓝、白、红三色同样宽窄的尺寸做成的。后来发现，由于中间的白色较两旁颜色明亮，使人眼产生一种错觉，看上去总觉得两旁的红色带没有蓝色带宽。后来，为了克服这种错觉，才把蓝色条带缩窄，把红色条带加宽，直到人眼看上去非常自然、匀称，从而成为今天的比例。

6. 颜色的情绪感

高明度、高饱和度的暖色系颜色给人以兴奋、欢快、热烈的感觉，例如明亮鲜艳的橘红色就是最具有活力的颜色；低明度、低饱和度的冷色系颜色给人以沉静、压抑、甚至抑郁的感觉，人们常常将海水的蓝色代表宁静或忧郁。非彩色中白色明快，黑色忧郁，灰色在情绪感上是中性的。

7. 颜色的华丽与质朴感

颜色的三属性对颜色的华丽与质朴感都有影响。明度高、饱和度高的颜色有华丽感，例如鲜艳明亮的黄色很有华贵的感觉，是宫廷的色彩，而明度低彩度低的黄颜色却有质朴感，接近土壤的颜色。

然而如果图画中全部是明亮鲜艳的颜色，也呈质朴感。例如，我国北方传统的带有大红大绿的牡丹花图案的印花布、各种喜庆的年画、幼儿园孩子们的绘画，全都体现着质朴与纯真。

二、颜色的联想与象征

1. 颜色的联想

当我们看到颜色时，常常会回忆起以往的一些经历，把颜色同这些经历结合起来，这是一种逻辑性与形象性相互作用的、具有创造性的思维活动过程。根据颜色的刺激想起与之相关的事物，称为颜色的联想。观察颜色人的经历、记忆、知识影响他的联想，同样性别、年龄、生活环境、所处时代、民族、宗教信仰的差异也会影响有关颜色的联想。了解颜色的联想对颜色方案的设计有着非常重要的意义。通过恰当的用色，可以将设计者的思想传达给观察者并使其审美活动得以实现；反之，如果用色不当，就会产生不好的联想进而带来相反的效果。

颜色的联想可分为具体联想与抽象联想。

（1）颜色的具体联想。颜色的具体联想是指由颜色刺激而联想到某些具体事物。具体联想与人们孩提时代的见闻有密切的关系，如绿色使人想起森林、树木、草地，白色使人想起白云、医院，红色使人想到太阳、火焰、消防车，蓝色使人想到天空、大海。这类联想是由于颜色特性相同所产生的，是大脑浅层的感性心理共鸣。日本颜色学家冢田敢调查了不同年龄段的男女对十一种主要颜色的具体联想，结果见表 2-1。

表 2-1　颜色的具体联想调查表

颜色	具体联想			
	小学生		青年	
	男	女	男	女
白	雪、白纸	雪、白兔	雪、白云	雪、砂糖
灰	鼠、灰	鼠、云空	灰、混凝土	云天、冬天
黑	炭、夜	毛发、炭	夜、洋伞	墨、套服
红	苹果、太阳	郁金香、洋服	红旗、血	口红、红鞋
橙	蜜柑、柿子	蜜柑、胡萝卜	香橙、肉汁	蜜柑、砖
褐	土、树干	土、巧克力	皮包、土	栗、鞋
黄	香蕉、向日葵	菜花、蒲公英	月亮、鸡雏	柠檬、月亮
黄绿	草、竹	草、叶	嫩黄、春	嫩叶、衣服里子
绿	树叶、山	草、矮草	树叶、蚊帐	草、毛皮
蓝	天空、海水	天空、水	海洋、秋空	大海、湖水
紫	葡萄、紫菜	葡萄、桔梗	裙子、礼服	茄子、藤

（2）颜色的抽象联想。颜色的抽象联想是指由颜色感觉所引起的情感和意象的联想，如绿色可以使人联想到生命、和平、环保；红色可联想到革命、激情或危险、冲动、卑俗；蓝色可联想到博大、智慧或冷淡、薄情；白色可联想到纯洁、神圣或悲惨、飘逸等，这类抽象联想属于主体感受诱导出的大脑深层理性思维活动的产物，与成人关系密切。表2-2是日本颜色学家冢田敢所做的颜色抽象联想调查结果。

表2-2　颜色的抽象联想调查表

颜色	抽象联想			
	青年		老年	
	男	女	男	女
白	清洁、神圣	洁白、纯洁	洁白、纯真	洁白、神秘
灰	忧郁、绝望	忧郁、阴森	荒废、平凡	沉默、死灭
黑	死亡、刚健	悲哀、坚实	生命、严肃	阴沉、冷淡
红	热情、革命	热情、危险	热情、卑俗	热情、幼稚
橙	焦躁、可怜	低级、温情	甘美、明朗	欢喜、华美
褐	涩味、古朴	涩味、沉静	涩味、坚实	古雅、朴素
黄	明快、泼辣	明快、希望	光明、明亮	光明、明朗
黄绿	青春、和平	青春、新鲜	新鲜、跳动	新鲜、希望
绿	永恒、新鲜	和平、理想	深远、和平	希望、公平
蓝	无限、理想	永恒、理智	冷淡、薄情	平静、悠久
紫	高贵、古雅	优雅、高尚	古朴、优美	高贵、消极

2. 颜色的象征

象征的词义是指用具体的事物表现某种特殊意义，例如火炬象征光明，红旗象征胜利，鸽子象征和平。颜色的象征是由颜色的联想发展而来的，因为现实中多数人的颜色联想是有共通性的，而且共通性与传统关系密切，既有世界共通的东西，也有本民族特有的东西。

红色是火焰的颜色，热烈奔放，在中国是喜庆的颜色，寓意吉祥。红色也是血液的颜色，红色也代表危险，是禁止通行信号与救火车的颜色。在西方世界里，红色的含义就更多了：粉红色表示健康，暗红色被认为是忌妒、暴虐的象征，红葡萄酒色意味耶稣的血，该色表示圣餐、祭奠。

橙色是暖色系中最温暖的颜色，象征着明媚的阳光，欢快活泼，充满青春朝气。橙色也是秋天收获季节的颜色，象征着富足、幸福。

黄色是最明亮醒目的颜色，在古代的中国，黄色为皇家专用颜色，象征着权力与智慧，平民百姓是不能用的。在古罗马，黄色也是作为帝王色被尊重，马来西亚的王室专色也是黄色，普通民众要避免使用这种颜色。然而在西方，由于黄色是出卖耶稣的叛徒犹大衣服的颜色，所以黄色被视为最下等的颜色，下流新闻被称做黄色新闻。黄色在伊斯兰世界象征死亡，在巴西表示绝望，因为他们认为人死好像黄叶落下。从颜色科学角度来看，黄色的光视见效率最高，因此黄色在当今崇尚科学的世界又普遍被视为安全色。

绿色是大自然的草木、湖泊之色。绿色清新、美丽、优雅、从容、宽容、大度，因而有自然、生长的意味。绿色在世界范围内象征和平、安全、环保、青春。在中国表示繁荣与年轻；在伊斯兰世界绿色最为人们所依恋，具有国家色的意义，招牌文字多用绿色；在奥地利，绿色作为高贵的颜色最受欢迎，许多服饰都用绿色；而在西欧，绿色表示恶意，绿色有"妒忌的恶魔"之称，"绿手"则指没有经验、缺乏训练的生手。

蓝色是天空与大海的颜色，象征着宽广与博大，圣母玛丽亚的蓝色衣服是希望的象征。基督教中蓝色是天国之色，蓝色被认为是最高尚的颜色，西方所谓"蓝色血统"代表门第高贵的贵族血统。蓝色被用在多个国家的国旗上，蓝色是泰国的王室色。然而在画家与文人的笔下，蓝色却是表示忧郁甚至绝望的颜色，成为苦难贫穷的象征。

紫色似乎是最难以捉摸的颜色，难以标定纯粹的紫色。在古代的中国和日本，紫色是高贵的颜色，紫色官服标志着最高的官位，"紫气东来"比喻吉祥的征兆。古希腊紫色是国王衣服的颜色，紫色门第指高贵世家。然而在巴西紫色却表示悲伤、哀悼，人们认为紫色是不吉利的颜色，商品装饰及服装应尽量避免使用紫色。

黑色会使人产生夜晚、死亡、坚硬、崇高等联想。在许多国家，黑色都有消极的意义，是丧事的颜色。黑色往往象征着正义、公正，法官的衣服多用黑色，中国传说中的黑脸包公就是正义的化身。黑色还象征着坚实、刚健与沉默。

白色在人们的心目中往往与冰山、雪、云朵、光明、纯洁、神圣、清净、朴素、虚无联系在一起。白莲花上的白衣观音形象最深入人心，她代表着光明、希望、善良与神圣，关照着善良的信徒。救死扶伤的医务工作者被人们称为"白衣天使"。新娘们穿起洁白婚纱的时刻在人们眼中显得格外纯洁美丽。白色是所有人心目中最干净的颜色，最不容许被玷污。

灰色是介于黑与白之间的中性色，可以由黑、白色混合而成。灰色与暖色相邻会出现冷的意味，与冷色相邻会出现暖的意味，显示出被动的个性，造就了视觉最安稳的休息点。灰色使人联想到阴天、乌云、烟、水泥、平凡、忧郁、失意等，灰色象征着沉默、消极、中庸、寂寞、谦虚。

第六节　颜色的协调

孤立的颜色并不多见，往往是在你的观察范围内呈现出多种物体、多种颜色，有可能一种物体上就包含许多颜色种类，受到视觉生理以及视觉心理的共同影响，如颜色对比、颜色冷暖感、颜色的象征性等，人们会对这些颜色产生总体上是否协调的评价。颜色协调将会给观察者以整体感。

达到颜色协调最基本与最稳妥的规律就是同一（近似）协调，即令所有参与颜色的明度、色调、饱和度之中某种特征完全相同或近似，变化其余的特征。其中，有一种特征相同或相似为单纯同一(近似)协调，有两种特征相同或相似为双性同一(近似)协调。例如，同一（近似）色调协调（变化明度、饱和度）、同一（近似）明度协调（变化色调、饱和度）、同一（近似）饱和度协调（变化色调、明度）、色调与明度相同（近似）协调（变化饱和度）、色调与饱和度相同（近似）协调（变化明度）、明度与饱和度相同（近似）协调（变化色调）。上述效果见彩图10。

复习思考题二

1. 颜色如何分类？如何描述不同种类颜色的特性？如何用色立体表示颜色的特性？

2. 描述颜色的三种特性中一种特性相同，而另两种特性不同的颜色于色立体中的位置情况（可以作图）。

3. 描述颜色的三种特性中两种特性相同，而其余一种特性不同的颜色于色立体中的位置情况（可以作图）。

4. 加色混色与减色混色的本质区别是什么？为何选择青、品红、黄作为减色三原色？可否采用红、绿、蓝作为减色三原色？请说明原因。

5. 举例说明同色异谱现象，它所带来的麻烦与好处是什么？

6. 如果你要创作一幅展示奥运精神的画作，你倾向于选择哪几种主要色调？请谈谈你的理由。

7. 请找一些绘画或彩色设计样品等，指出其如何实现颜色协调。

第三章　用数量来表示颜色

我们已经了解到，颜色是光作用于人眼后所形成的神经反应，不是单纯的物理量，想要将颜色感觉定量描述很不容易，它与照明条件、观察条件、视觉生理、视觉心理、文化习俗、经验习惯等均有关系，长久以来，科学家们一直在探索将颜色感觉以确定唯一的一组数据准确表达的方法，下面介绍其中最具代表性的，并且是印刷行业常用的表色方式。

第一节　CIE 用数量表示颜色的方法

在综合了一些颜色科学家的研究和实验基础上，国际照明委员会（CIE）规定了一套标准色度系统，称为 CIE 标准色度系统，这一系统是近代色度学的基本组成部分，是色度计算的基础，也是彩色复制的理论基础之一，被广泛用于彩色桌面出版系统中。CIE 标准色度系统是一种混色系统，是以颜色匹配实验为出发点建立起来的，用组成每种颜色的红、绿、蓝三原色数量来定量表达颜色。请注意，CIE 标准色度系统并不是用颜色的三个色貌特征——明度、色调、饱和度的大小为度量来表示颜色，这确实有一定的缺憾。

一、颜色匹配

把两种颜色调节到视觉上相同或相等的过程称为颜色匹配。根据三色学说，人的视网膜上有三种锥体细胞分别含红、绿、蓝视色素，可以将来自物体的不同波长的光大致分为长、中、短三个波段对应吸收，并根据所吸收光的强弱转化为神经冲动通过视神经传给大脑，由视觉中枢判断红、绿、蓝信号比例，产生颜色感觉。于是，只要用红、绿、蓝三色光以不同的比例混合，就能够匹配出自然界中所有的颜色，而那个混色比例，也就可以被用来确定唯一地代表被匹配的颜色。颜色科学家们就是从这里开始了标准色度系统的建立。

1. 颜色匹配实验

图 3-1 所示的颜色匹配实验方法就是利用色光相加来实现的。图的左侧是一块白色

屏幕，用一黑挡屏隔开分成上下两部分，红、绿、蓝三原色光照射上半部分，待测色光照射下半部分，由白色屏幕反射出来的光通过右侧的小孔被人眼所接收，人眼所看到的视场如图3-1所示，视场角在2°左右，被分为上、下两部分。通过调节上方三原色光的强度来混合形成待测光的光色。当视场中两部分光色相同时，视场中的分界线就会消失，感觉两部分合二为一，此时认为三原色的混合光色与待匹配光的光色达到颜色匹配。不同的待测光达到颜色匹配时所需的三原色光混合比例不同，必须重做调整方能达到视觉上相同。

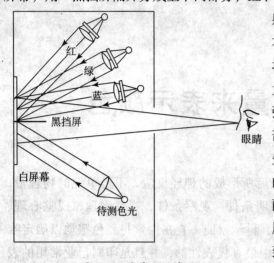

图3-1 颜色匹配实验

2. 三刺激值和色品图

（1）三刺激值。在颜色匹配中，用于颜色混合以产生任意颜色的三种颜色称为三原色。通常加色混色中使用红、绿、蓝三种颜色光为三原色，但实际三原色可以任意选取，只要三原色中任何一种原色不能由其余两种原色相混合得到就可以。通常选用红、绿、蓝光作为加色三原色，是为了得到最多的混合色，因为视网膜上的锥体细胞只含红、绿、蓝三种感色物质。

颜色匹配实验中，当与待测色达到色匹配时所需要的三原色的数量，称为三刺激值，记作 R、G、B。R、G、B 分别表示红、绿、蓝光的数量，为代数量。一种颜色与一组 R、G、B 值相对应，R、G、B 值相同的颜色，颜色感觉（外貌）必定相同。于是，通过选定三原色进行颜色匹配实验，就可以找出各种颜色达到色匹配时的三原色数量，即三刺激值，用三刺激值来表示不同的颜色，这就是 CIE 标准色度系统的基本出发点。

（2）光谱三刺激值。匹配等能光谱色的三原色数量，用符号 $\bar{r}, \bar{g}, \bar{b}$ 表示。

CIE 色度系统用三刺激值来定量描述颜色，但是不可能也不必要将自然界中每种颜色都进行颜色匹配来获取三刺激值。

任意色光都是由单色光组成的，可以理解为都是混合色光，那么如果各单色光的光谱三刺激值预先测得，根据混色原理就能计算出该色光的三刺激值。于是将各单色光的辐射能量值都保持为相同（这样的光谱分布称为等能光谱）来作上述一系列颜色匹配实验，就得到光谱三刺激值，又称为颜色匹配函数，它的数值只决定于人眼的颜色视觉特性，代表了三种感光锥体细胞对光谱的响应，是色度计算的基础。

（3）色品坐标和色品图。在色度学的讨论中，很多情况下只关心颜色中的彩色特性，而不关心明度的变化，此时只涉及色调、饱和度两个变量的变化，可以不直接用三原色的数量（即 R、G、B 三刺激值）来表示颜色，而是用三原色各自在 $R+G+B$ 总量中的相对比例来表示颜色。三原色各自在 $R+G+B$ 总量中的相对比例称为色品坐标，用符号 r、

g、b 来表示。色品坐标与三刺激值的关系如下：

$$\begin{cases} r = \dfrac{R}{R+G+B} \\[2mm] g = \dfrac{G}{R+G+B} \\[2mm] b = \dfrac{B}{R+G+B} = 1 - r - g \end{cases} \qquad (3-1)$$

由于 $r+g+b=1$，所以只用 r 和 g 即可表示一个颜色。以色品坐标 r、g 表示的平面图称为色品图。如图 3－2 所示，三角形的三个顶点分别代表红、绿、蓝三原色一个单位，用（R）、（G）、（B）表示，色品坐标 r 和 g 分别为横、纵坐标。

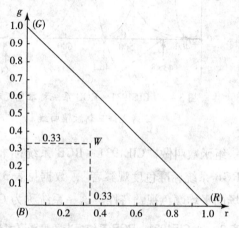

图 3－2 麦克斯韦颜色三角形及色品坐标

这一三角形色品图由麦克斯韦首先提出，故称为麦克斯韦颜色三角形，为国际标准色品图。三刺激值的单位（R）、（G）、（B）是这样确定的：选某一特定波长的红、绿、蓝三原色去进行混合，直到三原色光以适当比例匹配标准白光，我们将此时的三原色数量均定为一个单位（R）、（G）、（B）。即匹配标准白光时三原色的数量 R、G、B（三刺激值）相等，$R = G = B = 1$，故标准白光（W）的色品坐标由公式（3－1）可得：

$$\begin{cases} r = \dfrac{R}{R+G+B} = \dfrac{1}{1+1+1} = 0.33 \\[2mm] g = \dfrac{G}{R+G+B} = \dfrac{1}{1+1+1} = 0.33 \\[2mm] b = \dfrac{B}{R+G+B} = 1 - r - g = 0.33 \end{cases}$$

二、CIE 标准色度系统

现代色度学采用 CIE 所规定的一系列颜色测量原理、条件、数据和计算方法，称为 CIE 标准色度系统。这一色度系统以两组基本颜色视觉实验数据为基础，一组数据为"CIE1931 标准色度观察者光谱三刺激值"，适用于 1°～4°视场的颜色测量；另一组数据为"CIE1964 补充标准色度观察者光谱三刺激值"，适用于大于 4°视场的颜色测量。同时，CIE 还规定必须在明视觉条件下使用这两组数据。

1. CIE1931－RGB 系统

从颜色视觉产生的过程可以得出，物体的颜色既决定于外界的光辐射，又决定于人眼

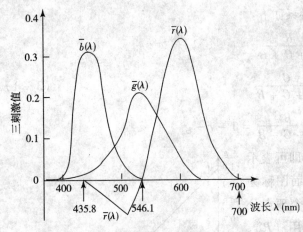

图3－3　CIE1931－RGB系统标准色度观察
者光谱三刺激值曲线

的视觉特性。颜色的测量和标定必须与人的观察结果相符合才有实际意义。因此，为了用三刺激值标定颜色，首先必须研究人眼的颜色视觉特性，即测得光谱三刺激值。CIE将三原色光波长确定为700nm（R）、546.1nm（G）、435.8nm（B），并将三原色的单位调整到相等数量相加匹配出等能白光（E光源）。2°视场下用上述选定三原色匹配等能光谱色的R、G、B三刺激值，用$\bar{r}(\lambda)$、$\bar{g}(\lambda)$、$\bar{b}(\lambda)$来表示。光谱三刺激值曲线如图3－3所示，这一组函数叫做"CIE1931－RGB系统标准色度观察者光谱三刺激值"，简称"CIE1931－RGB系统标准色度观察者"，数据见表3－1，波长间隔为10nm，此组数据代表人眼2°视场的平均颜色视觉特性。这一系统称为CIE1931－RGB系统。

表3－1　CIE1931－RGB系统标准色度观察者光谱三刺激值

波长 λ（nm）	$\bar{r}(\lambda)$	$\bar{g}(\lambda)$	$\bar{b}(\lambda)$
380	0.00003	− 0.00001	0.00117
390	0.00010	− 0.00004	0.00359
400	0.00030	− 0.00014	0.01214
410	0.00084	− 0.00041	0.03707
420	0.00211	− 0.00110	0.11541
430	0.00218	− 0.00119	0.24769
440	− 0.00261	0.00149	0.31228
450	− 0.01213	0.00678	0.31670
460	− 0.02608	0.01485	0.29821
470	− 0.03933	0.02538	0.22991
480	− 0.04939	0.03914	0.14494
490	− 0.05814	0.05689	0.08257
500	− 0.07173	0.08536	0.04776
510	− 0.08901	0.12860	0.02698
520	− 0.09264	0.17468	0.01221
530	− 0.07101	0.20317	0.00549
540	− 0.03152	0.21466	0.00146

波长 λ（nm）	$\bar{r}(\lambda)$	$\bar{g}(\lambda)$	$\bar{b}(\lambda)$
550	0.02279	0.21178	−0.00058
560	0.09060	0.19702	−0.00130
570	0.16768	0.17087	−0.00135
580	0.24526	0.13610	−0.00108
590	0.30928	0.09754	−0.00079
600	0.34429	0.06246	−0.00049
610	0.33971	0.03557	−0.00030
620	0.29708	0.01828	−0.00015
630	0.22677	0.00833	−0.00008
640	0.15968	0.00334	−0.00003
650	0.10167	0.00116	−0.00001
660	0.05932	0.00037	0.00000
670	0.03149	0.00011	0.00000
680	0.01687	0.00003	0.00000
690	0.00819	0.00000	0.00000
700	0.00410	0.00000	0.00000
710	0.00210	0.00000	0.00000
720	0.00105	0.00000	0.00000
730	0.00052	0.00000	0.00000
740	0.00025	0.00000	0.00000
750	0.00012	0.00000	0.00000
760	0.00006	0.00000	0.00000
770	0.00003	0.00000	0.00000
780	0.00000	0.00000	0.00000

光谱三刺激值与光谱色品坐标的关系式为：

$$r = \frac{\bar{r}}{\bar{r} + \bar{g} + \bar{b}}$$

$$g = \frac{\bar{g}}{\bar{r} + \bar{g} + \bar{b}}$$

$$b = \frac{\bar{b}}{\bar{r} + \bar{g} + \bar{b}}$$

图 3-4 是根据 CIE1931-RGB 系统标准色度观察者光谱三刺激值所绘制出的色品图。在色品图中，偏马蹄形曲线是所有光谱色色品点连接起来的轨迹，称为光谱轨迹。

从图 3－3 和图 3－4 中可看到，$\bar{r}(\lambda)$、$\bar{g}(\lambda)$、$\bar{b}(\lambda)$ 光谱三刺激值和色品坐标 r、g 有相当一部分出现负值。出现负值的原因可以从颜色匹配实验的过程来理解。当投射到待匹配光一侧的光谱色饱和度太高时，用另一侧视场的红、绿、蓝三原色无论怎样调节都不能使两半视场颜色达到匹配，只有将少量的三原色之一加到光谱色一侧才能达到颜色匹配，加到光谱色半视场的原色就用负值来表示，这样就出现了负的三刺激值与色品坐标值。比较图3－2和图3－5，图3－2中三角形的三个顶角表示红（R）、绿（G）、蓝（B）三原色，负值的色品坐标落在原色三角形之外，在原色三角形之内的各色品点的坐标均为正值。

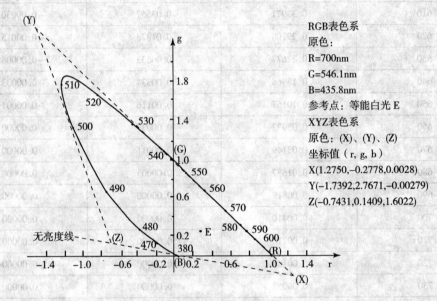

RGB表色系
原色：
R=700nm
G=546.1nm
B=435.8nm
参考点：等能白光 E
XYZ表色系
原色：(X)、(Y)、(Z)
坐标值（r, g, b）
X(1.2750, −0.2778, 0.0028)
Y(−1.7392, 2.7671, −0.00279)
Z(−0.7431, 0.1409, 1.6022)

图 3－4　CIE1931－RGB 系统色品图及 (R)、(G)、(B) 向 (X)、(Y)、(Z) 的转换

CIE1931－RGB 系统的光谱三刺激值 $\bar{r}(\lambda)$、$\bar{g}(\lambda)$、$\bar{b}(\lambda)$ 是由实验获得的，本来可以用于色度计算，但由于光谱三刺激值与色品坐标都出现了负值，计算起来不方便，又不易理解，因此，1931 年 CIE 讨论推荐了一个新的国际通用色度系统——CIE1931－XYZ 系统。

2. CIE1931 标准色度系统

1931 年，CIE 在 RGB 系统的基础上，改用三个假想的原色 X、Y、Z 建立了一个新的色度系统。将 RGB 系统光谱三刺激值进行转换后，变为以 X、Y、Z 三原色匹配等能光谱的三刺激值，定名为"CIE1931 标准色度观察者光谱刺激值"，简称为"CIE1931 标准色度观察者"，记作 $\bar{x}(\lambda)$、$\bar{y}(\lambda)$、$\bar{z}(\lambda)$。这一系统叫做"CIE1931 标准色度系统"或"CIE1931－XYZ 系统"。

如图 3－4 所示，CIE1931－XYZ 系统中三原色 X（红原色）、Y（绿原色）、Z（蓝原色）在 RGB 色品图中的位置都处于光谱轨迹之外，在光谱轨迹外面的所有颜色都是物理上不能实现的，也就是非真实存在的颜色。光谱轨迹曲线以及连接光谱轨迹两端点的直线所构成的马蹄形区域内包括了一切物理上能实现的颜色。但XYZ原色三角形包含了整个光谱轨迹，因此XYZ系统的 $\bar{x}(\lambda)$、$\bar{y}(\lambda)$、$\bar{z}(\lambda)$ 全部为正值，三刺激值 X、Y、Z 及色品坐标 x，y 也均为正值，给色度计算带来了极大方便。表3-2中的数据 $\bar{x}(\lambda)$、$\bar{y}(\lambda)$、$\bar{z}(\lambda)$ 是由表3-1中的 $\bar{r}(\lambda)$、$\bar{g}(\lambda)$、$\bar{b}(\lambda)$ 数据转换而来的，表示匹配等能光谱色的三个假设原色的三刺激值。图3-5所示为CIE1931标准色度观察者光谱三刺激值曲线图。

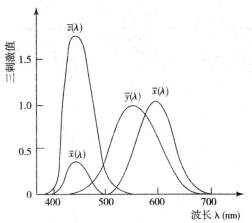

图 3-5 CIE1931 标准色度观察者光谱三刺激值曲线图

表3-2 CIE1931 标准色度观察者光谱三刺激值

波长 λ（nm）	$\bar{x}(\lambda)$	$\bar{y}(\lambda)$	$\bar{z}(\lambda)$
380	0.0014	0.0000	0.0065
390	0.0042	0.0001	0.0201
400	0.0143	0.0004	0.0679
410	0.0435	0.0012	0.2074
420	0.1344	0.0040	0.6456
430	0.2839	0.0116	1.3856
440	0.3483	0.0230	1.7471
450	0.3362	0.0380	1.7721
460	0.2908	0.0600	1.6692
470	0.1954	0.0910	1.2876
480	0.0956	0.1390	0.8130
490	0.0320	0.2080	0.4652
500	0.0049	0.3230	0.2720
510	0.0093	0.5030	0.1582
520	0.0633	0.7100	0.0782
530	0.1655	0.8620	0.0422
540	0.2904	0.9540	0.0203
550	0.4334	0.9950	0.0087
560	0.5945	0.9950	0.0039
570	0.7621	0.9520	0.0021
580	0.9163	0.8700	0.0017

续表

波长 λ（nm）	$\bar{x}(\lambda)$	$\bar{y}(\lambda)$	$\bar{z}(\lambda)$
590	1.0263	0.7570	0.0011
600	1.0622	0.6310	0.0008
610	1.0026	0.5030	0.0003
620	0.8544	0.3810	0.0002
630	0.6424	0.2650	0.0000
640	0.4479	0.1750	0.0000
650	0.2835	0.1070	0.0000
660	0.1649	0.0610	0.0000
670	0.0874	0.0320	0.0000
680	0.0468	0.0170	0.0000
690	0.0227	0.0082	0.0000
700	0.0114	0.0041	0.0000
710	0.0058	0.0021	0.0000
720	0.0029	0.0010	0.0000
730	0.0014	0.0005	0.0000
740	0.0007	0.0002	0.0000
750	0.0003	0.0001	0.0000
760	0.0002	0.0001	0.0000
770	0.0001	0.0000	0.0000
780	0.0000	0.0000	0.0000

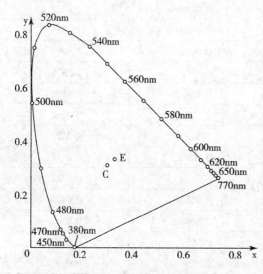

图3-6 CIE1931xy 色品图

根据公式可以计算出等能光谱色的色品坐标，绘出 CIE1931 色品图及光谱轨迹，如图3-6及彩图11所示。

色品图可以用来表示所有颜色的色度特性。色品图中心为白点（非彩色点），光谱轨迹上的点代表不同波长的光谱色，是饱和度最高的颜色，越接近色品图中心（白点），颜色的饱和度越低。围绕色品图中心不同的角度，颜色的色调不同。

CIE1931 标准色度系统的三刺激值以 X、Y、Z 表示，三种原色由于选择时的考虑，只有 Y 值既代表色品又代表亮度，又称为亮度因数，而 X、Z 只代表色品，与亮度无关，所以 $\bar{y}(\lambda)$ 函数曲线与明视觉光谱光视效率 $V(\lambda)$ 一致，即 $\bar{y}(\lambda) = V(\lambda)$。

3. 以色品坐标 x、y 结合亮度因数 Y 的表色方式

在使用数字描述颜色时，X、Y、Z 三刺激值不能直接表达出该颜色的外貌（明度、色调、饱和度），因此常使用 Yxy 表色方法，即采用色品坐标表示颜色的色品特征（色调及饱和度特征），用亮度因数 Y 表示颜色的亮度特征，这样该颜色的外貌就能完全唯一地确定下来。图 3-7 直观地表示了这三个参数之间的关系。

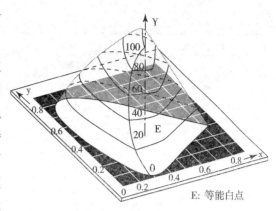

E: 等能白点

图 3-7 Yxy 立体图

4. CIE1964 补充标准色度系统

在大面积视场观察条件下（＞4°），由于杆体细胞的参与以及中央凹黄色素的影响，颜色视觉会发生一定的变化。主要表现为饱和度的降低及颜色视场出现不均匀的现象。实验表明：人眼用小视场观察颜色时，颜色差异辨别力较低。当观察视场从 2° 增大到 10° 时，颜色匹配的精度也随之提高。但视场再进一步增大，颜色匹配精度的提高就不大了。

为了适应大视场颜色测量的需要，CIE 在 1964 年又规定了一组"CIE1964 补充标准色度观察者光谱三刺激值"，简称"CIE1964 补充标准色度观察者"，记作 $\bar{x}_{10}(\lambda)$、$\bar{y}_{10}(\lambda)$、$\bar{z}_{10}(\lambda)$，这一系统称为"CIE1964 补充标准色度系统"，也称为 10°视场 $X_{10}Y_{10}Z_{10}$ 色度系统。CIE1964 补充标准色度系统三刺激值记作 X_{10}、Y_{10}、Z_{10}。光谱三刺激值 $\bar{x}_{10}(\lambda)$、$\bar{y}_{10}(\lambda)$、$\bar{z}_{10}(\lambda)$ 数据见表 3-3，波长间隔 10nm。光谱三刺激值曲线如图 3-8 所示。

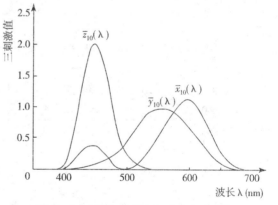

图 3-8 CIE1964 补充标准色度观察者
光谱三刺激值函数曲线

表 3-3 CIE1964 补充标准色度观察者光谱三刺激值

波长 λ（nm）	$\bar{x}_{10}(\lambda)$	$\bar{y}_{10}(\lambda)$	$\bar{z}_{10}(\lambda)$
380	0.0002	0.0000	0.0007
390	0.0024	0.0003	0.0105
400	0.0191	0.0020	0.0860
410	0.0847	0.0088	0.3894
420	0.2045	0.0214	0.9725
430	0.3147	0.0387	1.5535
440	0.3837	0.0621	1.9673
450	0.3707	0.0895	1.9948

续表

波长 λ（nm）	$\bar{x}_{10}(\lambda)$	$\bar{y}_{10}(\lambda)$	$\bar{z}_{10}(\lambda)$
460	0.3023	0.1282	1.7454
470	0.1956	0.1852	1.3176
480	0.0805	0.2536	0.7721
490	0.0162	0.3391	0.4153
500	0.0038	0.4608	0.2185
510	0.0375	0.6067	0.1120
520	0.1177	0.7618	0.0607
530	0.2365	0.8752	0.0305
540	0.3768	0.9620	0.0137
550	0.5298	0.9918	0.0040
560	0.7052	0.9973	0.0000
570	0.8787	0.9556	0.0000
580	1.0142	0.8689	0.0000
590	1.1185	0.7774	0.0000
600	1.1240	0.6583	0.0000
610	1.0305	0.5280	0.0000
620	0.8563	0.3981	0.0000
630	0.6475	0.2835	0.0000
640	0.4316	0.1798	0.0000
650	0.2683	0.1076	0.0000
660	0.1526	0.0603	0.0000
670	0.0813	0.0318	0.0000
680	0.0409	0.0159	0.0000
690	0.0199	0.0077	0.0000
700	0.0096	0.0037	0.0000
710	0.0046	0.0018	0.0000
720	0.0022	0.0008	0.0000
730	0.0010	0.0004	0.0000
740	0.0005	0.0002	0.0000
750	0.0003	0.0001	0.0000
760	0.0001	0.0000	0.0000
770	0.0001	0.0000	0.0000
780	0.0000	0.0000	0.0000

　　根据色品坐标与三刺激值的关系可以由 $\bar{x}_{10}(\lambda)$、$\bar{y}_{10}(\lambda)$、$\bar{z}_{10}(\lambda)$ 计算得到光谱色的色品坐标 $\bar{x}_{10}(\lambda)$、$\bar{y}_{10}(\lambda)$，绘出 CIE1964 补充标准色度系统色品图，与 CIE1931 标

准色度系统色品图（图3-9）相比较，两者的光谱轨迹形状非常相似，但是相同波长的光谱色在各自的光谱轨迹上的位置有较大的差异，例如，在490～500nm这一段，两张色品图上近似坐标值相差达5nm以上。两张图上只有等能白点E是重合的。

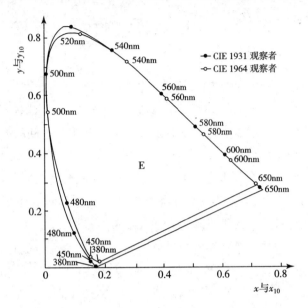

图3-9　CIE1931与CIE1964标准色度系统色品图的比较

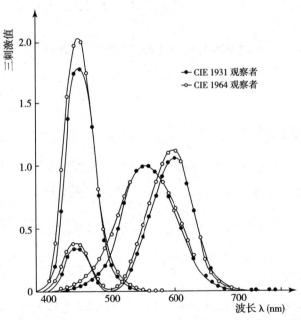

图3-10　CIE1931与CIE1964标准色度观察者曲线的比较

从图3-10所绘出的两者光谱三刺激值曲线比较可以更明了它们的差异，$\bar{z}_{10}(\lambda)$曲线在400～500nm区域高于2°视场的$\bar{z}(\lambda)$，表明视网膜上中央凹以外至10°视场的区域对短波光谱有更高的感觉性，这是由于视细胞上少了黄色素的覆盖，而黄色素会吸收短波光。

因此，在色度测量与计算中，要根据观察视场的大小选择 CIE1964 或 CIE1931 标准色度观察者数据来代表人眼的平均颜色视觉特性。

第二节　CIE 计算颜色的方法

根据颜色视觉理论，物体的颜色是这样形成的：光源发出不同波长的光照在物体表面，物体经过选择性吸收以后将其余的光谱成分反射或透射到人眼，在人眼的屈光系统作用下成像于视网膜上，视网膜上的视细胞接受光刺激并按照不同的波段（红、绿、蓝）转化为相应的神经冲动并形成白－黑、红－绿、黄－蓝三路神经信号传至大脑内的视觉中枢，进而综合判断产生颜色感觉。光源、物体、眼睛、大脑是颜色视觉产生过程中的四大要素，光源是四大要素之首，物体自身的光谱特性是其具有不同颜色的主要原因，但也与照明光源的光谱特性、视觉生理与心理等多重因素相关。

第一章中已经将光源的光谱特性以光谱分布函数 $S(\lambda)$ 表示，物体的光谱特性以光谱反射率 $\rho(\lambda)$ 或光谱透射率 $\tau(\lambda)$ 代表，本章第一节中介绍了 CIE 标准色度系统中以光谱三刺激值 $\bar{x}(\lambda)$、$\bar{y}(\lambda)$、$\bar{z}(\lambda)$ 和 $\bar{x}_{10}(\lambda)$、$\bar{y}_{10}(\lambda)$、$\bar{z}_{10}(\lambda)$ 分别代表人类 2° 及 10° 视场的平均颜色视觉特性（可以看做眼睛＋大脑的光谱特性），这样颜色视觉形成过程中几个要素的光谱特性的数学表达方式已经全部获得，利用它们便可以计算物体在光源照射下的颜色了。

由于观察环境尤其是照明光源对于物体颜色的影响是首位的，通常会规定在特定的照明条件下观察并明确光源的光谱特性。

一、光源的颜色特性

光源的颜色特性有两个方面：一是人眼直接观察光源时所看到的颜色，可用三刺激值和色温来评价和描述光源的颜色，二是物体在光源照明下所呈现颜色的真实性，即光源显色性。

1. 色温与相关色温

不同的光源其所发光的光谱功率分布有很大差异，随之而来光源的光色也各不相同。我们将光源的光与黑体的光相比较来描述它的光色。

所谓黑体即完全辐射体，又称普朗克辐射体。它是指在辐射作用下既不反射也不透射，而能把落在它表面上的任何波长的辐射全部吸收，也就是光谱吸收比恒等于 1 的物体。在自然界中绝对黑体是不存在的，但是可以用耐高温的金属材料制作性质极为接近黑体的物体，图 3－11 所示为一模拟黑体的装置。这种黑体是一个封闭空腔上的一个小孔，空腔内壁全部涂黑，四周绝热。当光线由小孔穿入，将在腔壁内发生多次反射和吸收。因小孔的面积比腔体内表面总面积小很多，折射次数也很多，最后由小孔穿出腔体的能量就非常非常小，所以，这个小孔就近似于一个绝对黑体。当物体加热到高温时便产生辐射，颜色会随温度发生变化。上述黑体被加热时，随着温度的升高，黑体吸收的能量将以光的形式由小孔向外辐射，其辐射的光谱分布完全取决于它被加热的温度，如图 3－12 所示。随着黑体温度增加，其相对光谱功率分布的峰值逐渐向短波方向变化，所发光的颜色变化顺序是红——黄——白——蓝。将不

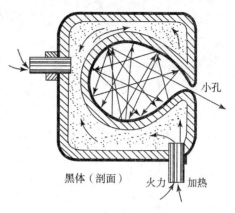

图 3－11　黑体剖面图

同温度黑体发光的光谱分布转换成色品坐标，绘于 CIE1931 色品图上，如图 3－13 所示。黑体不同温度的光色变化在 CIE1931 色品图上呈一条弧形轨迹，称为黑体轨迹或普朗克轨迹。于是人们就用黑体的温度来表示它的颜色，同时也可以表示其他发光体的光色。

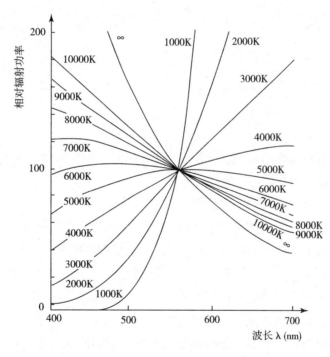

图 3－12　可见光谱范围内不同温度下黑体辐射的光谱分布曲线

　　当某种光源的色品(坐标)与某一温度下的黑体色品(坐标)相同时，称此时黑体的温度为该光源的颜色温度，简称色温，用符号 Tc 表示，单位为开尔文，用"K"表示。绝对温度又称热力学温度或开氏温度，绝对温度 T 与摄氏温度 t 的关系为：$T(K) = t(℃) + 273$。例如，某光源的光色与黑体加热到绝对温度 2400K 所发出的光色相同时，则光源的色温为 2400K，它在 CIE1931 色品图上的坐标为 $x = 0.4862$，$y = 0.4147$。

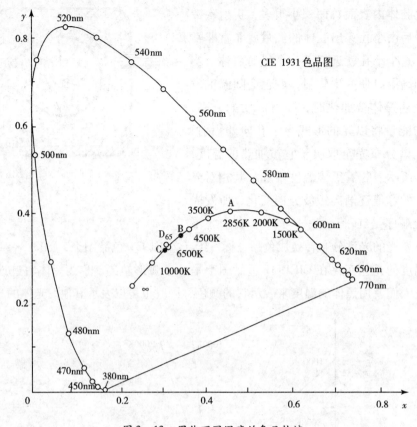

图 3 – 13　黑体不同温度的色品轨迹

　　白炽灯等热辐射光源的光谱分布与黑体的分布相似，光色变化基本上符合黑体轨迹，因此，色温的概念能恰当地描述白炽灯的光色。

　　白炽灯以外的其他常用光源的光谱分布往往与黑体的分布相差甚远，它们的光色在色品图上不一定准确地落在黑体轨迹上，但常常在该轨迹附近。由于光源的色品坐标并不恰好落在黑体轨迹上，所以只能用光源与黑体轨迹最接近的颜色来确定该光源的色温，这样确定的色温叫做相关色温，用符号 Tcp 表示。例如，图 3 – 13 中光源 B 的色品点最接近黑体加热到 4874K 时的色品点，所以光源 B 的相关色温就定为 4874K。

　　用色温与相关色温来描述光源颜色的方法简便且易于交流，至今仍为人们采用。色温只是一种描述光源颜色的量值，色温相同的光源，它们的光谱组成可能会有很大的不同。另外，它与光源本身的温度无关。

　　2. CIE 标准照明体和标准光源

　　日常生产生活中的照明光源多为日光，还有数不清的其他人工光源。不同时间、地点或天气条件下的日光其光谱功率分布也是不同的，而人工光源的光谱功率分布则更是五花八门。因此，在它们的照射下，物体表面呈现出的颜色也不尽相同。为了达到颜色度量与评价的一致性，需要在人们共同约定的几种具有代表性的光源下标定物体的颜色。为此，CIE 推荐了标准照明体和标准光源。

标准照明体和标准光源是两个不同的概念。标准照明体是指特定的光谱功率分布，这种标准的光谱功率分布不必由一个光源直接提供，也不一定能真正地实现。标准光源是符合标准照明体规定的光谱功率分布的物理发光体。CIE 先用相对光谱功率分布定义了标准照明体，同时还规定了标准光源，以实现标准照明体的相对光谱功率分布。

CIE 标准照明体包括：

标准照明体 A：代表绝对温度 2856K 的完全辐射体（黑体）的辐射。它的色品坐标点落在 CIE1931 色品图的黑体轨迹上。

标准照明体 B：代表相关色温大约为 4874K 的直射日光，它的光色相当于中午的日光，其色品点紧靠黑体轨迹。

标准照明体 C：代表相关色温大约为 6774K 的平均日光。它的光色近似阴天天空的日光，其色品点位于黑体轨迹的下方。

标准照明体 D_{65}：代表相关色温约为 6504K 的日光，其色品点在黑体轨迹的上方。

标准照明体 D：代表各种时相的日光的相对光谱功率分布，又名典型日光或重组日光。

表 3 - 4 和表 3 - 5 分别列出了 CIE 标准照明体 A、B、C、D_{65} 的相对光谱功率分布（$\Delta\lambda = 10nm$）和色品坐标，图 3 - 14 所示为这四种标准照明体的相对光谱功率分布曲线。

表 3 - 4　CIE 标准照明体 A、B、C、D_{65} 的相对光谱功率分布

波长 λ（nm）	A $S(\lambda)$	B $S(\lambda)$	C $S(\lambda)$	D_{65} $S(\lambda)$
300	0.93			0.03
310	1.36			3.3
320	1.93	0.02	0.01	20.2
330	2.66	0.50	0.40	37.1
340	3.59	2.40	2.70	39.9
350	4.74	5.60	7.00	44.9
360	6.14	9.60	12.90	46.6
370	7.82	15.20	21.40	52.1
380	9.80	22.40	33.00	50.0
390	12.09	31.30	47.40	54.6
400	14.71	41.30	63.30	82.8
410	17.68	52.10	80.60	91.5
420	20.99	63.20	98.10	93.4
430	24.67	73.10	112.40	86.7
440	28.70	80.80	121.50	104.9
450	33.09	85.40	124.00	117.0
460	37.81	88.30	123.10	117.8

续表

波长λ（nm）	A $S(\lambda)$	B $S(\lambda)$	C $S(\lambda)$	D$_{65}$ $S(\lambda)$
470	42.87	92.00	123.80	114.9
480	48.24	95.20	123.90	115.9
490	53.91	96.50	120.70	108.8
500	59.86	94.20	112.10	109.4
510	66.06	90.70	102.30	107.8
520	72.50	89.50	96.90	104.8
530	79.13	92.20	98.00	107.7
540	85.95	96.90	102.10	104.4
550	92.91	101.00	105.20	104.0
560	100.00	102.80	105.30	100.0
570	107.18	102.60	102.30	96.3
580	114.44	101.00	97.80	95.8
590	121.73	99.20	93.20	88.7
600	129.04	98.00	89.70	90.0
610	136.35	98.50	88.40	89.6
620	143.62	99.70	88.10	87.7
630	150.84	101.00	88.00	83.3
640	157.98	102.20	87.80	83.7
650	165.03	103.90	88.20	80.0
660	171.96	105.00	87.90	80.2
670	178.77	104.90	86.30	82.3
680	185.43	103.90	84.00	78.3
690	191.93	101.60	80.20	69.7
700	198.26	99.10	76.30	71.6
710	204.41	96.20	72.40	74.3
720	210.36	92.90	68.30	61.6
730	216.12	89.40	64.40	69.9
740	221.67	86.90	61.50	75.1
750	227.00	85.20	59.20	63.6
760	232.12	84.70	58.10	46.4
770	237.01	85.40	58.20	66.8
780	241.68			63.4
790	246.12			64.3
800	250.33			59.5

表3-5　CIE标准照明体A、B、C、D₆₅的色品坐标

		A	B	C	D₆₅
色品坐标	x	0.4476	0.3484	0.3101	0.3127
	y	0.4074	0.3516	0.3162	0.3290
	u	0.2560	0.2137	0.2009	0.1978
	v	0.3495	0.3234	0.3073	0.3122
	x_{10}	0.4512	0.3498	0.3104	0.3138
	y_{10}	0.4059	0.3527	0.3191	0.3310
	u_{10}	0.2590	0.2142	0.2000	0.1979
	v_{10}	0.3495	0.3239	0.3084	0.3130

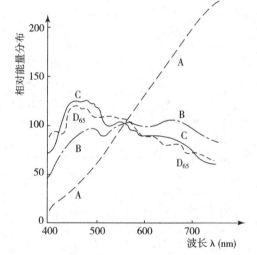

图3-14　CIE标准照明体A、B、C、D₆₅的

相对光谱功率分布曲线

D_{65}以外的其他时相日光的相对光谱功率分布可根据色温按CIE推荐的D照明体（典型日光或重组日光）的光谱功率分布统计公式计算得到。CIE优先推荐D_{55}、D_{65}、D_{75}的相对光谱功率分布作为代表日光的标准照明体，相当于相关色温为5505K、6504K、7504K的D照明体。CIE建议，尽量用D_{65}来代表日光，在不能应用D_{65}时则尽量使用D_{55}和D_{75}。在印刷应用中，常使用D_{65}及D_{50}作为标准照明条件。

标准光源是指用来实现标准照明体光谱功率分布的光源。因考虑到随着光源制造技术的不断发展，对灯和滤色器的改进能使标准光源更准确地代表标准照明体，所以CIE认为对于标准光源的规定不如标准照明体重要。

3. 光源的显色性

光源的显色性是光源颜色特性的又一方面，即物体在该光源照明下所呈现颜色的真实性。那么真实颜色的标准又是什么呢？由于人类在长期的生产、生活实践中，已习惯于白天在日光下、夜间在火光下进行辨色活动，从而认为在日光和火光照明下看到的物体颜色是真实的。日光和火光都是连续光谱，尽管其光谱功率分布和色温存在很大差异，但在这种自然光条件下，人眼的辨色能力依然是准确的，颜色视觉具有恒常性。白炽灯的光谱分布与火光类似，显色性很好。具有与白炽灯和日光相似的连续光谱的光源均有较好的显色性。

光源显色性的评价是将待测光源下与参照标准光源下标准样品的颜色相比较，偏差越小，则待测光源的显色性越好。CIE规定：待测光源色温低于5000K时，用完全辐射体（黑体）作为参照标准光源；待测光源色温高于5000K时，用标准照明体D作为参照标准

光源。参照光源的显色指数 $R_a = 100$，当待测光源下与参照标准光源下的标准样品颜色相同时，则此光源的显色指数为 100，显色性最好。反之，颜色差异越大，显色指数越低。通常，R_a 值在 75～100 之间，属于显色性优良的光源；R_a 值在 50～75 之间，显色性一般；$R_a < 50$ 时，显色性很差。表 3－6 给出了几种常见光源的显色指数。彩图 12 所示为同样八个彩球在几种常见光源下的显色效果。

表 3－6　几种人工光源的一般显色指数

光源名称	CIE　色品坐标		相关色温（K）	一般显色指数 R_a
白炽灯（500W）	$x\ 0.447$　$u\ 0.255$	$y\ 0.408$　$v\ 0.350$	2900	95～100
碘钨灯（500W）	$x\ 0.458$　$u\ 0.261$	$y\ 0.411$　$v\ 0.351$	2700	95～100
溴钨灯（500W）	$x\ 0.409$　$u\ 0.237$	$y\ 0.391$　$v\ 0.342$	3400	95～100
荧光灯（日光色40W）	$x\ 0.310$　$u\ 0.192$	$y\ 0.339$　$v\ 0.315$	6600	70～80
外镇高压汞灯（400W）	$x\ 0.334$　$u\ 0.184$	$y\ 0.412$　$v\ 0.340$	5500	30～40
内镇高压汞灯（450W）	$x\ 0.378$　$u\ 0.203$	$y\ 0.434$　$v\ 0.349$	4400	30～40
镝灯（1000W）	$x\ 0.369$　$u\ 0.222$	$y\ 0.367$　$v\ 0.330$	4300	85～95
高压钠灯（400W）	$x\ 0.516$　$u\ 0.311$	$y\ 0.389$　$v\ 0.352$	1900	20～25

从表中的数据可以看出，目前印刷行业普遍使用的日光色荧光灯显色性并不很理想，因此在这种灯光照明下观察颜色，会造成与日光下观察颜色有较大偏差。光源的显色性会影响人眼对于颜色的观察，所以那些要求识别和处理颜色的工业部门或场所如纺织、印染、印刷、博物馆、照相馆、拍摄彩色电视和电影、食品店，要求使用显色性好的光源，如白炽灯、金属卤化物灯、镝灯、氙灯等，尽管它们可能发光效率不如某些低显色性光源高。高压汞灯和钠灯等光源，发光效率很高，但是显色性差，只能用于道路照明，不能用于辨色场合。目前较实用的辨色光源还有高显色性荧光灯，这种灯的外形和电气参数与普通荧光灯相同，但所使用的发光荧光粉不同，通过调整荧光粉的配方，加强了可以明显提高光源显色性的光谱 450nm（蓝）、540nm（绿）、610nm（橘红）波长区的辐射，减少了称为干扰波长的对颜色显现不利的 500nm 和 580nm 波长附近的光谱成分，可以得到各种相关色温的色光，而且具有较高的显色性，一般显色指数可达 90 以上，非常适合印刷等行业使用。

　　4．印刷行业的照明条件

　　印刷行业是对照明条件要求很高的行业，印刷行业实质上是从事颜色复制工作，从原稿的拍摄、分色制版、打样到印刷，每道工序都要时刻注意观察、分析、比较原稿与印刷品的颜色效果，保证忠实地再现原稿的颜色，避免色彩失真，影响产品的质量。因此，光源的选择尤为重要。为规范印刷行业的照明条件，我国制定了印刷行业的色评价照明标准，标准中对观察颜色时使用的光源、照明条件、环境条件等都做了详细规定。

（1）有关印刷行业照明光源的规定

印刷行业所使用的光源可分为两种，一种为观察反射样品的光源，如观察印刷品和反射原稿；另一种为观察透射样品的光源，如观察彩色透射原稿。

观察反射样品时应使用 D_{65} 光源，接近日常照明条件；观察透射样品应使用 D_{50} 光源，因为透射样品主要是通过照相获得的照相底片和反转片，照相的照明条件一般是色温5000K 左右，所以也应在此色温条件下进行颜色的还原。同时两种光源的显色指数都应在90 以上，这样才能够保证观色的可靠性与一致性。

（2）有关印刷行业照明条件的规定

①观察反射样品照明条件。光源发出的光在观察表面应形成均匀的漫射光，照度均匀度应大于80%，即光线在观察面上不能有照射点和阴影，各点照度的差别小于20%。观察反射样品时在观察面上形成的照度应在500～1500 lx 范围，视所观察样品的明暗程度决定。如果样品以亮调为主，可降低一些照度；相反如果样品以暗调为主，就应适当加大照度。

符合这样要求的照明灯具可以使用2～4 根高显色性荧光灯灯管，灯管上加装反射灯罩和漫散射隔板或毛玻璃。当灯具悬挂在观察面上方 1～1.2m 时，两根灯管可以形成不低于 500 lx 的照度，四根灯管可形成大约 1500 lx 的照度，因此只要使用一个控制开关选择不同数量的灯管，就可实现不同的照度。使用荧光灯时应注意两点：一是荧光灯在使用5000h 后，色温会发生变化，应及时更换；二是观色前最好预热 15min 后再使用，避免刚启动时光色不稳定而带来辨色误差。

天气晴好时，可以利用采光充分的北窗下的太阳光，而应避免在强烈直射的日光下评价颜色。因为北窗下的日光柔和稳定，色温基本接近5000～6000K，显色性很好。

②观察透射样品的照明条件。观察透射样品时所使用的光源不应直射在观察表面,应通过散射装置使观察表面形成均匀的明亮表面,中心与边缘的亮度均匀度应大于80%。光源在观察面上形成的亮度应为 $1000cd/m^2 \pm 250$ cd/m^2。图 3-15 所示为观察透射原稿照明条件示意图。

符合这样照明条件的照明装置可以用安装有 2～3 根高显色性荧光灯管的灯箱实现。使用毛玻璃漫射光源发出的光线，使毛玻璃表面形成符合亮度要求的均匀亮度表面。

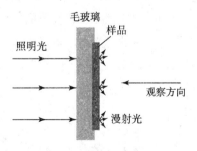

图 3-15 观察透射原稿的照明条件

（3）印刷行业对于观察条件的要求

①观察反射样品。观察反射样品时，光源应垂直位于观察面的上方，观察者位于观察面的侧面，以45°角的方向观察，如图3-16所示。这种方法可以避免灯光的镜面反射光进入观察者的眼睛，引起耀眼的不良效果。当印刷品表面光泽度较高，镜面反射强，产生耀眼的光斑时，可以适当调整观察的角度，避开耀眼的光。

有时也可采用光源45°角照明，观察者以垂直观察面方向观察的方法，如图3-17所示。但这种方法不如上一种方法，因为此时光源到观察面的距离不相等，有可能产生照明不均匀的情况，因此应尽量采用第一种照明观察方法。

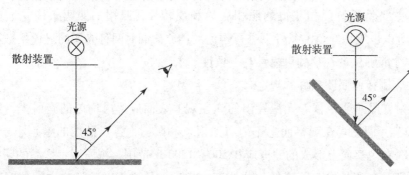

图3-16　观察反射样品的首选观察条件　　　图3-17　观察反射样品的替代观察条件

②观察透射样品。观察透射样品时，透射样品要由来自背后的均匀漫射光照明，垂直样品表面观察。观察时样品应尽量置于照明面的中部，使其至少在三个边以外有50mm宽的被照明边。当透射样品面积很小时，样品四周要用灰色的挡光材料遮盖，使其四周的亮边面积总和不要超过样品面积的四倍，如果周围过多的亮边会对观察者的眼睛产生很大的影响，造成观察误差。

（4）印刷行业观察样品时的环境色和背景色要求

第二章中分析过颜色对比和颜色适应现象对于颜色视觉的影响。为了避免这两种现象给观察带来误差，在准备观察颜色时必须对环境光和背景光做严格的限制。

印刷业色评价标准中规定，观察环境四周的颜色应该是浅灰色或白色，不应带有彩色。因此不应把看版台周围的墙壁涂成彩色，也不要把彩色印刷品悬挂在看版台的周围。当带有彩色的环境光不可避免时，应设法将看版台用浅灰色的挡板隔离开或将环境光限制到很弱。

观察样品的背景颜色应该是灰色或浅灰色，避免彩色对样品颜色的干扰。

二、CIE 色度计算方法

1. 三刺激值与色品坐标的计算

光源或物体的颜色是由进入眼睛的不同波长的光混合而生成的感觉。我们把进入眼睛的光能量随波长的分布称为颜色刺激函数 $\varphi(\lambda)$。而人眼对不同波长的颜色刺激感觉强度不同，只有 $\varphi(\lambda)$ 与该波长的 CIE 光谱三刺激值的乘积才是由这个波长的颜色刺激所引起的颜色感觉。根据颜色相加原理，总的颜色感觉应是各波长颜色感觉的总和。因此，三刺激值的计算公式为：

$$\begin{cases} X = k\int_\lambda \varphi(\lambda)\bar{x}(\lambda)\mathrm{d}\lambda \\ Y = k\int_\lambda \varphi(\lambda)\bar{y}(\lambda)\mathrm{d}\lambda \\ Z = k\int_\lambda \varphi(\lambda)\bar{z}(\lambda)\mathrm{d}\lambda \end{cases} \qquad \begin{cases} X_{10} = k_{10}\int_\lambda \varphi(\lambda)\bar{x}_{10}(\lambda)\mathrm{d}\lambda \\ Y_{10} = k_{10}\int_\lambda \varphi(\lambda)\bar{y}_{10}(\lambda)\mathrm{d}\lambda \\ Z_{10} = k_{10}\int_\lambda \varphi(\lambda)\bar{z}_{10}(\lambda)\mathrm{d}\lambda \end{cases} \qquad (3-2)$$

式中的积分区域为整个可见光波段 380～780nm。

在实际计算中，用求和来近似积分，求和的表达式为：

$$\begin{cases} X = k\sum_\lambda \varphi(\lambda)\bar{x}(\lambda)\Delta\lambda \\ Y = k\sum_\lambda \varphi(\lambda)\bar{y}(\lambda)\Delta\lambda \\ Z = k\sum_\lambda \varphi(\lambda)\bar{z}(\lambda)\Delta\lambda \end{cases} \qquad \begin{cases} X_{10} = k_{10}\sum_\lambda \varphi(\lambda)\bar{x}_{10}(\lambda)\Delta\lambda \\ Y_{10} = k_{10}\sum_\lambda \varphi(\lambda)\bar{y}_{10}(\lambda)\Delta\lambda \\ Z_{10} = k_{10}\sum_\lambda \varphi(\lambda)\bar{z}_{10}(\lambda)\Delta\lambda \end{cases} \qquad (3-3)$$

以上两式中的 X、Y、Z 是 CIE1931 标准色度系统的三刺激值；X_{10}、Y_{10}、Z_{10} 是 CIE1964 补充标准色度系统的三刺激值。$\bar{x}(\lambda)$、$\bar{y}(\lambda)$、$\bar{z}(\lambda)$ 是 CIE1931 标准色度观察者光谱三刺激值（见表 3-2），$\bar{x}_{10}(\lambda)$、$\bar{y}_{10}(\lambda)$、$\bar{z}_{10}(\lambda)$ 是 CIE1964 补充标准色度观察者光谱三刺激值（见表 3-3）。波长间隔 $\Delta\lambda$ 视计算精度要求取 5nm、10nm 或 20nm。式（3-2）中的 $\varphi(\lambda)$，根据被测对象不同，有不同的计算方法。

对于照明体或光源，是它们的相对光谱功率分布，即

$$\varphi(\lambda) = S(\lambda) \qquad (3-4)$$

对于透明物体或非透明物体的颜色函数分别为

$$\varphi(\lambda) = S(\lambda)\tau(\lambda) \qquad (3-5)$$

$$\varphi(\lambda) = S(\lambda)\rho(\lambda) \qquad (3-6)$$

式中 $S(\lambda)$——照明体或照明光源的相对光谱功率分布；

     $\tau(\lambda)$——透明物体的光谱透射比；

     $\rho(\lambda)$——非透明物体的光谱反射比。

$S(\lambda)$ 一般采用 CIE 规定的标准照明体，具体采用哪种照明体由被测物体的具体情况而定。例如，物体在日光下观察时，可用 D_{65} 或 B、C 照明体，而在灯光下观察时，可用 A 照明体。

式（3-3）中的常数 k 和 k_{10} 称为归化系数，它是将照明体（或光源）的 Y 值调整为 100 时得出的，即

$$(3-7)$$

$$k = \frac{100}{\int_\lambda S(\lambda)\bar{y}(\lambda)\mathrm{d}\lambda} \quad 或 \quad k_{10} = \frac{100}{\int_\lambda S(\lambda)\bar{y}_{10}(\lambda)\mathrm{d}\lambda}$$

此式中的 $S(\lambda) = \varphi(\lambda)$，如式（3－4）。

由于 k 是这样定义的，于是当 $\varphi(\lambda) = S(\lambda)\tau(\lambda)$ 时，Y 为物体的光透过率；当 $\varphi(\lambda) = S(\lambda)\rho(\lambda)$ 时，Y 为物体的光反射率。

根据式（3－3）计算出物体的三刺激值以后，再按式（3－1）将其转换为物体的色品坐标，即

$$x = \frac{X}{X + Y + Z} \qquad \text{或} \, x_{10} = \frac{X_{10}}{X_{10} + Y_{10} + Z_{10}}$$

$$y = \frac{Y}{X + Y + Z} \qquad y_{10} = \frac{Y_{10}}{X_{10} + Y_{10} + Z_{10}}$$

$$z = \frac{Z}{X + Y + Z} \qquad z_{10} = \frac{Z_{10}}{X_{10} + Y_{10} + Z_{10}}$$

表 3－7 列出了一个三刺激值计算的实例，通过分光光度计测得 D_{65} 光源下样品的光谱反射率 $\rho(\lambda)$，利用上面的公式计算样品的三刺激值和色品坐标。

表 3－7　样品三刺激值计算举例

波长 λ (nm)	D_{65}	样品	CIE1931 加权光谱三刺激值（D_{65}）			乘积		
	$S(\lambda)$	$\rho(\lambda)$	$S(\lambda)\bar{x}(\lambda)$	$S(\lambda)\bar{y}(\lambda)$	$S(\lambda)\bar{z}(\lambda)$	$S(\lambda)\bar{x}(\lambda)\rho(\lambda)$	$S(\lambda)\bar{y}(\lambda)\rho(\lambda)$	$S(\lambda)\bar{z}(\lambda)\rho(\lambda)$
380	50.0	0.102	0.006	0	0.031	0.000612	0	0.003162
390	54.6	0.245	0.022	0.001	0.104	0.00539	0.000245	0.02548
400	82.8	0.348	0.112	0.003	0.531	0.038976	0.001044	0.184788
410	91.5	0.419	0.377	0.010	1.795	0.157963	0.00419	0.752105
420	93.4	0.460	1.188	0.035	5.708	0.54648	0.0161	2.62568
430	86.7	0.477	2.329	0.095	11.365	1.110933	0.045315	5.421105
440	104.9	0.475	3.456	0.228	17.336	1.6416	0.1083	8.2346
450	117.0	0.470	3.722	0.421	19.621	1.74934	0.19787	9.22187
460	117.8	0.462	3.242	0.669	18.608	1.497804	0.309078	8.596896
470	114.9	0.455	2.123	0.989	13.995	0.965965	0.449995	6.367725
480	115.6	0.454	1.049	1.525	8.917	0.476246	0.69235	4.0448318
490	108.8	0.459	0.330	2.142	4.790	0.15147	0.983178	2.19861
500	109.4	0.478	0.051	3.342	2.815	0.024378	1.597476	1.34557
510	107.8	0.517	0.095	5.131	1.614	0.049115	2.652727	0.834438
520	104.8	0.564	0.627	7.040	0.776	0.353628	3.97056	0.437664
530	107.7	0.616	1.686	8.784	0.430	1.038576	5.410944	0.26488
540	104.4	0.663	2.869	9.425	0.201	1.902147	6.248775	0.133263
550	104.0	0.692	4.267	9.796	0.086	2.952764	6.778832	0.059512
560	100.0	0.691	5.625	9.415	0.037	3.886875	6.505765	0.025567
570	96.3	0.680	6.947	8.678	0.019	4.72396	5.90104	0.01292
580	95.8	0.693	8.305	7.886	0.015	5.755365	5.464998	0.010395
590	88.7	0.741	8.613	6.353	0.009	6.382233	4.707573	0.006669
600	90.0	0.790	9.047	5.374	0.007	7.14713	4.24546	0.00553
610	89.6	0.826	8.500	4.265	0.003	7.02100	3.52289	0.002478

续表

波长 λ (nm)	D₆₅ S(λ)	样品 ρ(λ)	CIE1931 加权光谱三刺激值（D₆₅）			乘积		
			$S(\lambda)\bar{x}(\lambda)$	$S(\lambda)\bar{y}(\lambda)$	$S(\lambda)\bar{z}(\lambda)$	$S(\lambda)\bar{x}(\lambda)\rho(\lambda)$	$S(\lambda)\bar{y}(\lambda)\rho(\lambda)$	$S(\lambda)\bar{z}(\lambda)\rho(\lambda)$
620	78.7	0.845	7.091	3.162	0.002	5.991895	2.67189	0.00169
630	83.3	0.852	5.063	2.089	0	4.313676	1.779828	0
640	83.7	0.853	3.547	1.386	0	3.025591	1.182258	0
650	80.0	0.853	2.147	0.810	0	1.831391	0.69093	0
660	82.2	0.853	1.252	0.463	0	1.067956	0.394939	0
670	82.3	0.853	0.680	0.249	0	0.58004	0.212397	0
680	78.3	0.853	0.346	0.126	0	0.295138	0.107478	0
690	69.7	0.853	0.150	0.054	0	0.12795	0.046062	0
700	71.6	0.852	0.077	0.028	0	0.065604	0.023856	0
710	74.3	0.851	0.041	0.015	0	0.034891	0.012765	0
720	61.6	0.849	0.017	0.006	0	0.014433	0.005094	0
730	69.9	0.828	0.010	0.003	0	0.00828	0.002484	0
740	75.1	0.790	0.005	0.002	0	0.00395	0.00158	0
750	63.6	0.750	0.002	0.001	0	0.00150	0.00075	0
760	46.4	0.712	0.001	0	0	0.000712	0	0
770	66.8	0.680	0.001	0	0	0.00068	0	0
780	63.4	0.652	0.001	0	0	0.000652	0	0
Σ			95.019	100.001	108.815	66.944289	66.947016	50.82015
		色品坐标计算：	X + Y + Z	x	y	z		x + y + z
			184.71222	0.362424798	0.362439561	0.275135641		1

注：表中第 2 列是标准照明体 D₆₅ 的相对光谱功率分布。但当使用标准照明体数据计算时，标准照明体数据与 CIE 1931 光谱三刺激值都是固定值，可以直接使用加权光谱三刺激值进行计算。因此实际计算时使用的是第 4~6 列的数据。另外，从第 5 列数据的求和数据可以看出，当使用标准照明体数据计算时，Y 值已经归化为 100.0，因此不必再计算归化系数。

2. 颜色相加的计算

（1）计算法。当两种或两种以上已知三刺激值的颜色光相加混合，混合色的三刺激值等于各色光三刺激值之和。

$$X = X_1 + X_2 + \cdots + X_n$$
$$Y = Y_1 + Y_2 + \cdots + Y_n \qquad\qquad (3-8)$$
$$Z = Z_1 + Z_2 + \cdots + Z_n$$

n 为组成混合色的色光数量。混合色的色品坐标在三刺激值计算之后就可求得。

$$x = \frac{X}{X + Y + Z}$$

$$y = \frac{Y}{X + Y + Z}$$

当已知两种颜色的色品坐标 x、y 及亮度 Y 而要求混合色的色品坐标时，因为混合色的色品坐标与已知色的色品坐标之间没有线性叠加的关系，所以必须先求出各颜色的三刺激值，可采用下面公式：

$$X = \frac{x}{y}Y$$

$$Y = Y \tag{3-9}$$

$$Z = \frac{z}{y}Y = \frac{1-x-y}{y}Y$$

然后再利用公式（3-8）求混合色的三刺激值，继而再计算色品坐标。

例题：求 4 份色光一与 1 份色光二混合后的三刺激值与色品坐标。

已知：色光一的色品坐标为 $x_1 = 0.20$，$y_1 = 0.25$，亮度因数为 $Y_1 = 13.60$；

色光二的色品坐标为 $x_2 = 0.45$，$y_2 = 0.45$，亮度因数为 $Y_2 = 32.40$

解：

$$\begin{cases} X_1 = \frac{x_1}{y_1}Y_1 = \frac{0.20}{0.25} \times 13.60 = 10.88 \\ Y_1 = Y_1 = 13.60 \\ Z_1 = \frac{z_1}{y_1}Y_1 = \frac{1-x_1-y_1}{y_1}Y_1 = \frac{1-0.20-0.25}{0.25} \times 13.60 = 29.92 \end{cases}$$

$$\begin{cases} X_2 = \frac{x_2}{y_2}Y_2 = \frac{0.45}{0.45} \times 32.40 = 32.40 \\ Y_2 = Y_2 = 32.40 \\ Z_2 = \frac{z_2}{y_2}Y_2 = \frac{1-x_2-y_2}{y_2}Y_2 = \frac{1-0.45-0.45}{0.45} \times 32.40 = 7.20 \end{cases}$$

混合色的三刺激值为 $X = 4X_1 + X_2 = 4 \times 10.88 + 32.40 = 75.92$

$$Y = 4Y_1 + Y_2 = 4 \times 13.60 + 32.40 = 86.80$$

$$Z = 4Z_1 + Z_2 = 4 \times 29.92 + 7.20 = 126.88$$

混合色的色品坐标 $x = \frac{X}{X+Y+Z} = \frac{75.92}{75.92 + 86.80 + 126.88} = 0.26$

$$y = \frac{Y}{X+Y+Z} = \frac{86.80}{75.92 + 86.80 + 126.88} = 0.30$$

（2）作图法。除了计算法外还可以在色品图上，应用重心原理，以作图法求出混合色的色品坐标。

在 CIE1931 xy 色品图上，根据格拉斯曼定律，两种颜色相加产生的第三种颜色总是位于连接两种颜色的直线上，这一新颜色在直线上的位置取决于两种颜色的三刺激值总和的比例。按重心原理，混合色的色品点被拉向比例大的颜色那一侧。

图 3-18 所示为颜色相加作图法，图中 P 为颜色 1，Q 为颜色 2，M 为 P + Q 的混合色。

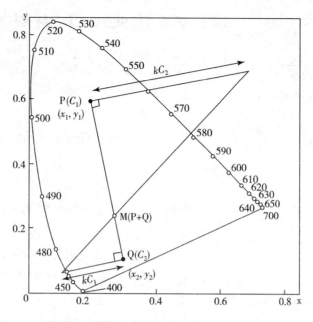

图 3 − 18 颜色相加作图法

C_1 和 C_2 分别为颜色 1 和颜色 2 的三刺激值之和，即

$$C_1 = X_1 + Y_1 + Z_1$$
$$C_2 \doteq X_2 + Y_2 + Z_2$$

根据重力中心定律：

$$\frac{QM}{MP} = \frac{C_1}{C_2} = \frac{X_1 + Y_1 + Z_1}{X_2 + Y_2 + Z_2}$$

在混合色中，C_2 所占的比例越大（C_1 的比重自然减小），QM 的长度越短，即 M 被拉向 Q。在 PQ 线上，各点的颜色表示 P 和 Q 以不同比例按重心定律得出的混合色。

根据上述原理用作图法确定混合色的色品点的具体方法是：如图 3 − 18 所示，在 xy 色品图上将 P、Q 两点连成直线，在 P 点画一条与 PQ 垂直的直线，其长度与 C_2 成比例，等于 kC_2；另在对侧由 Q 点画一条垂直于 PQ 的直线，其长度为 kC_1，k 为任意选定值。连接这两条垂线末端的直线与 PQ 线的交叉点就是所求的混合色的色品坐标点 M。尽管大多数情况下都是使用计算法求色光相加的结果，但使用作图法可以很直观地表示出颜色相加混合的原理和混合后的颜色坐标，从而了解混合色的色调及饱和度特征，这对理解颜色相加的原理是非常有益的。

利用计算法或作图法求出的混合色的三刺激值和色品坐标代表了混合色的色度特性。在其他的色度计算中混合色又可以作为一个单独的颜色处理。

三、主波长与色纯度

用三刺激值及色品坐标可以定量描述颜色，但遗憾的是不能直接表达颜色的色调、饱和度这两个重要的色度特性。因此，CIE 推荐使用主波长和色纯度来大致描述颜色的色调和饱和度。

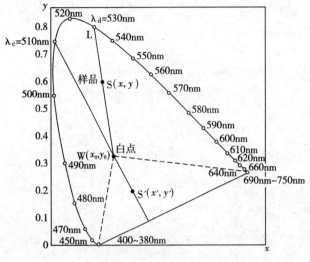

图 3 – 19　样品色的主波长

1. 主波长

将与样品色具有相同色调的光谱色的波长称为样品色的主波长，用符号 λ_d 表示，如图 3 – 19 所示。

从色品图中白点 $W(x_0, y_0)$ 向样品色的色品点 $S(x, y)$ 作直线并延长交光谱轨迹上一点 L，这一点光谱色的波长就是该颜色样品的主波长 λ_d，主波长光谱色与白光按一定比例混合可以匹配出样品色。

应当注意的是，由于连接光谱轨迹两端点的直线非光谱轨迹，故白点与光谱轨迹的两个端点所构成的三角形区城内的颜色没有主波长。将白点与样品色点的连线从白点一侧延长交光谱轨迹于一点，这一点光谱色的波长就是该颜色样品的补色波长，记作 $-\lambda_d$ 或 λ_c。

2. 色纯度

色纯度表示样品色与其主波长光谱色的接近程度，以符号 P_e 表示。从颜色混合的角度上可看做是主波长光谱色被白光冲淡的程度，可以用主波长光谱色的三刺激值在样品色三刺激值中所占的比重来表示，即

$$P_e = \frac{X_\lambda + Y_\lambda + Z_\lambda}{X + Y + Z} \qquad (3 - 10)$$

式中　$X_\lambda + Y_\lambda + Z_\lambda$ ——主波长光谱色的三刺激值；

　　　X, Y, Z ——样品色的三刺激值。

也可以用白点到样品点的距离 WS 与白点到主波长点的距离 WL 之比来表示，即

$$P_e = \frac{WS}{WL} \qquad (3 - 11)$$

当 $P_e = 1$ 时，表明样品色就是光谱色，饱和度最高。

当 $P_e = 0$ 时，表明样品色就是白色，是非彩色，饱和度为 0。

色纯度可大致反映颜色的饱和度。

第三节　CIE 用数量表示颜色差异的方法

在如印刷等需要处理物体表面色的行业，经常遇到的问题是需要去鉴别颜色的差别，要用数量来描述颜色的差别，简称为色差。色差大小是产品质量标准之一。

一、必须采用均匀颜色空间来计算色差

CIE XYZ 色度系统解决了颜色的定量描述与计算的问题，但它的色度空间在视觉上是不均匀的，空间中相同的距离所带来的视觉上差异是不同的。

首先，以 XYZ 色空间亮度因数 Y 来表示颜色的明度感觉并不恰当，图 3 – 20 所示视觉明度与亮度因数的关系，可以看出，相同的 ΔY 所对应的视觉明暗感觉的差异 ΔV 是不相同的，因此不能直接以 ΔY 代表明度感觉的变化。

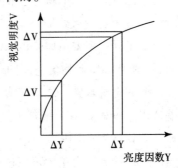

图 3 – 20　视觉明度与亮度因数的关系

美国科学家麦克亚当曾做过视觉颜色宽容量的研究，我们把人眼感觉不到颜色差异的变化范围叫做颜色的宽容量。麦克亚当采用在 CIE *xy* 色品图中以不同位置上椭圆的大小和方向表示颜色宽容量，如图 3 – 21 所示。在色品图中

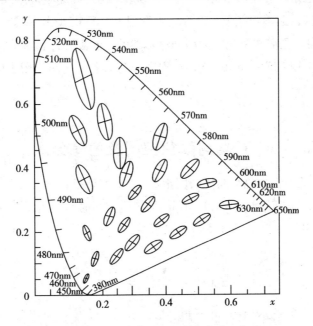

图 3 – 21　麦克亚当颜色宽容量示意图

不同位置上的 25 个椭圆的大小及长轴方向都不相同,同一椭圆面上的颜色,视觉辨别不出它们之间的差异,这表明在 CIE 色品图中,不同位置、不同方向上颜色的宽容量是不同的。例如,在蓝色部分和绿色部分的同样空间内,人眼能看出的各种蓝色与各种绿色的数量比在十倍以上。假如是两个工人分别印制了一个蓝色的包装盒、一个绿色的包装盒,以 xy 色品坐标计算出的与客户拿来的样品的色品差距 $\left[\sqrt{(x_复 - x_样)^2 + (y_复 - y_样)^2}\right]$ 是相同的,然而客户看到产品时会判定绿色产品的复制质量要比蓝色产品强得多,印制蓝色包装盒的工人肯定会返工。

因此,需要寻找一个均匀颜色空间,使得该空间中的每一个点代表一种颜色,空间中的距离大小与视觉上色彩感觉差别成正比,相同的距离代表相同的色差。

自 1931 年至今,科学家们不断地寻找更加均匀的颜色空间,先后提出过几十个方案。寻找均匀颜色空间时新的颜色空间的坐标是可以任意选择的,在各坐标之间可以采用数学的方法进行相互变换,而不会改变其本身的物理意义。另外重要的一点是,新的颜色空间的三个坐标一定要由原来的 X、Y、Z 三刺激值换算得出。1960 年 CIE 首先向世界各国推荐了 CIE1960UCS 均匀色品图。随即研制出的美国第五代电子分色机即以此作为颜色标定、转换的理论基础。之后 CIE 又推荐了 CIE1964 $W^*U^*V^*$ 均匀色空间,并给出相应的色差公式。1976 年 CIE 推荐了另外两个均匀性更好的色空间及有关的色差公式。这两个色空间分别称为 CIE1976 $L^*u^*v^*$ 色空间及 CIE1976 $L^*a^*b^*$ 色空间。这两个系统在视觉均匀性上很接近,实用中可以选取 CIE $L^*a^*b^*$ 或 CIE $L^*u^*v^*$ 来表示颜色或色差,这都是符合国际标准和国家标准的。不同的学科及用色部门往往是根据自己的特点、经验、习惯选择某一种颜色系统。CIE1976 $L^*u^*v^*$ 系统多为光源、彩色电视等工业部门所选用,而各国的染料、颜料及油墨等颜色工业部门则选用了 CIE $L^*a^*b^*$ 系统。国际印刷领域也采用 CIE $L^*a^*b^*$ 均匀色空间系统作为印刷色彩的颜色匹配与评价的方法,同时目前的色彩管理系统也普遍采用 CIE $L^*a^*b^*$ 均匀色空间作为参考色空间,用于保障颜色在不同设备之间传递的一致性。

二、CIE1976 $L^*a^*b^*$ 均匀颜色空间及色差公式

CIE1976 $L^*a^*b^*$ 均匀颜色空间用明度指数 L^*、色品指数 a^*、b^* 三维坐标系统来表示,由 CIEXYZ 色度系统转换为 CIE $L^*a^*b^*$ 均匀色空间时,可利用下列公式计算:

$$\begin{cases} L^* = 116(Y/Y_n)^{1/3} - 16 \\ a^* = 500\left[(X/X_n)^{1/3} - (Y/Y_n)^{1/3}\right] \\ b^* = 500\left[(Y/Y_n)^{1/3} - (Z/Z_n)^{1/3}\right] \end{cases} \tag{3-12}$$

式中　X、Y、Z——颜色样品的三刺激值;

X_n、Y_n、Z_n——CIE 标准照明体照射到完全漫反射体表面的三刺激值。

图 3 – 22 所示为由 L^*、a^*、b^* 构成的三维直角坐标系统，即均匀颜色空间示意图。它类似于赫林四色学说，L^* 轴表示明度大小，为白 – 黑轴。a^* 轴为红 – 绿轴，$+a^*$ 表示红色，$-a^*$ 表示绿色。b^* 轴表示黄 – 蓝轴，$+b^*$ 表示黄色，$-b^*$ 表示蓝色。

图 3 – 22 及彩图 13 中颜色样品 C 的三个特征可用下列公式计算表示：

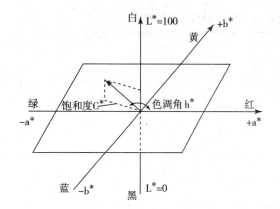

图 3 – 22　CIE $L^*a^*b^*$ 均匀颜色空间

明度　　$L^* = 116\ (Y/Y_n)^{1/3} - 16$

色调角　　　　　　　　　　$$h^* = \frac{180}{\pi} tg^{-1}\frac{b^*}{a^*} \qquad (3-13)$$

饱和度　　　　　　　　　　$C^* = \sqrt{(a^*)^2 + (b^*)^2}$

色调角的范围在 $0° \sim 360°$，以 $+a^*$ 轴作为 $0°$。

若两个颜色样品 1 和 2 都按 L^*、a^*、b^* 标定颜色，如图 3 – 23 所示，则两者之间色差即为两颜色在色空间中的距离：

$$\Delta E_{ab}^* = \sqrt{(L_1^* - L_2^*)^2 + (a_1^* - a_2^*)^2 + (b_1^* - b_2^*)^2}$$
$$= \sqrt{(\Delta L^*)^2 + (\Delta a^*)^2 + (\Delta b^*)^2} \qquad (3-14)$$

式中，假定 1 为样品色；2 为标准色。

明度差 $\Delta L^* = L_1^* - L_2^*$ 为正值时，表示样品色比标准色色浅，负值时则表示样品色深，明度低。

饱和度差 $\Delta C^* = C_1^* - C_2^*$ 为正值时，表示样品色比标准色饱和度高，含非彩色成分少看起来更鲜艳，负值表示样品色饱和度低，含非彩色成分多。

色调角差 $\Delta h^* = h_1^* - h_2^*$ 为正值表示样品色位于标准色的逆时针方向上，负值表示样品色位于标准色的顺时针方向上。要根据标准色的色调判断色偏，如果标准色为黄色调，那么逆时针方向是偏绿，顺时针方向是偏红。

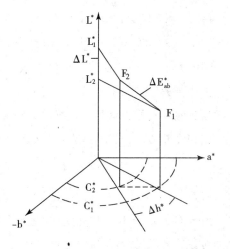

图 3 – 23　CIE $L^*a^*b^*$ 均匀色空间两颜色之差

式（3 – 14）中色差 $\Delta E_{ab}^* = 1$ 时称为 1 个 NBS 色差单位。一个 NBS 单位大约相当于视觉色差识别阈值的 5 倍，其与颜色差别感觉程度见表 3 – 8。在 CIE$x – y$ 色品图的中心，一个 NBS 色差单位相当于 $0.0015 \sim 0.0025$ 的 x 或 y 的色品坐标变化。

表3-8　NBS单位与颜色差别感觉程度

NBS 单位色差值	感觉色差程度
0.0~0.5	痕迹
0.5~1.5	轻微
1.5~3	可觉察
3.0~6.0	可识别
6.0~12.0	大
12.0 以上	非常大

例题：在2°视场和C光源下，测得两个样品的色度分别为：

样品1：$X_1 = 63.12$，$Y_1 = 71.79$，$Z_1 = 15.02$。

样品2：$X_2 = 62.46$，$Y_2 = 70.67$，$Z_2 = 11.42$。

C光源：$X = 98.072$，$Y = 100.00$，$Z = 118.225$。

计算 ΔE_{ab}^*，ΔL^*，Δh^*，ΔC^* 并详细说明两个样品的色貌差异。

解：由公式

$$L^* = 116(Y/Y_n)^{1/3} - 16 \qquad\qquad 明度\ L^* = 116(Y/Y_n)^{1/3} - 16$$

$$a^* = 500\left[(X/X_n)^{1/3} - (Y/Y_n)^{1/3}\right] \qquad 色调角\ h^* = \frac{180}{\pi}tg^{-1}\frac{b^*}{a^*}$$

$$b^* = 200\left[(Y/Y_n)^{1/3} - (Z/Z_n)^{1/3}\right] \qquad 饱和度\ C^* = \sqrt{(a^*)^2 + (b^*)^2}$$

得 $L_1^* = 87.87$，$a_1^* = -15.92$，$b_1^* = 78.45$，$h_1^* = 101.47$，$C_1^* = 80.05$；

$L_2^* = 87.32$，$a_2^* = -15.10$，$b_2^* = 86.31$，$h_2^* = 99.92$，$C_2^* = 87.62$

明度差 $\Delta L^* = L_1^* - L_2^* = 8.55$，表示样品1比样品2亮，明度高。

色调角差 $\Delta h^* = h_1^* - h_2^* = 1.55 > 0$，而且样品1、样品2均在黄绿象限，表示样品1比样品2偏一点绿，样品2比样品1偏一点黄。

饱和度差 $\Delta C^* = C_1^* - C_2^* = -7.57 < 0$　表示样品1不如样品2鲜艳。

$$\Delta E_{ab}^* = \sqrt{(L_1^* - L_2^*)^2 + (a_1^* - a_2^*)^2 + (b_1^* - b_2^*)^2}$$

$$= \sqrt{(\Delta L^*)^2 + (\Delta a^*)^2 + (\Delta b^*)^2} = 7.9$$

由于 CIE $L^*a^*b^*$ 均匀色空间在现有的色空间中均匀性最好，又是以表征物体的表面色为对象，尤其适合印刷行业测色使用，现已成为国际印刷领域内通用的表色系统。我国国家标准局在彩色印刷品的质量要求上也使用了 CIE $L^*a^*b^*$ 色差，如彩色装潢印刷品的同批同色色差为：一般产品 $\Delta E_{ab}^* \leqslant 5.00 \sim 6.00$，精细产品 $\Delta E_{ab}^* \leqslant 4.00 \sim 5.00$，同时还将这一质量标准作为国有企业晋级的一项条件。为了在国际交流中有统一的颜色标准，更充分地发挥先进彩色复制设备的作用，使我国的彩印产品质量达到国际水平，在我国印刷行业中推广 CIE $L^*a^*b^*$ 均匀色空间的应用是十分必要和大有益处的。

三、CIE1976 $L^*u^*v^*$ 均匀颜色空间及色差公式

CIE1976 $L^*u^*v^*$ 均匀颜色空间用明度指数 L^*、色品指数 u^*、v^* 三维坐标系统来表示，由 CIEXYZ 色度系统转换为 CIE $L^*u^*v^*$ 均匀色空间时，可利用下列公式计算：

$$\begin{cases} L^* = 116(Y/Y_0)^{1/3} - 16 \\ u^* = 13L^*(u' - u'_0) \\ v^* = 13L^*(v' - v'_0) \end{cases} \qquad (3-15)$$

而

$$u' = \frac{4x}{-2x + 12y + 3} = \frac{4X}{X + 15Y + 3Z} \quad u'_0 = \frac{4x_0}{-2x_0 + 12y_0 + 3} = \frac{4X_0}{X_0 + 15Y_0 + 3Z_0}$$

$$\qquad (3-16)$$

$$v' = \frac{9y}{-2x + 12y + 3} = \frac{9Y}{X + 15Y + 3Z} \quad v'_0 = \frac{9y_0}{-2x_0 + 12y_0 + 3} = \frac{9Y_0}{X_0 + 15Y_0 + 3Z_0}$$

式中 $\quad u'、v'、x、y$ ——颜色样品的色品坐标；

$\quad u'_0、v'_0、x_0、y_0$ ——测色时所用光源的色品坐标；

$X、Y、Z$ 和 $X_0、Y_0、Z_0$ ——样品与光源的三刺激值。

按 L^*、u^*、v^* 标定的两个颜色之间的色差公式：

$$\Delta E_{UV}^* = \sqrt{(L_1^* - L_2^*)^2 + (u_1^* - u_2^*)^2 + (v_1^* - v_2^*)^2}$$

$$= \sqrt{(\Delta L^*)^2 + (\Delta u^*)^2 + (\Delta v^*)^2} \qquad (3-17)$$

第四节 以 R、G、B 值表示颜色的方式

与 CIE RGB 颜色空间不同，这里所说的 RGB 颜色空间是显示器、扫描仪和数字相机等彩色设备使用的颜色空间，用来表示这类设备所形成的颜色，R、G、B 值也可以称为三刺激值。对于显示器，R、G、B 分别代表显示器红绿蓝三种荧光粉发光的颜色，对于扫描仪来说，R、G、B 代表扫描仪中红绿蓝三种滤色片和光电转换器接收的颜色。由这类设备产生的各种颜色都是由这三个基本颜色混合而成的。由于显示器和扫描仪都是基于加色混色原理的，因此 RGB 颜色空间是一个加色混色空间，只是所使用的红绿蓝三原色没有统一标准，是随设备的不同而变化的，不同的设备使用不同的三原色，因此所形成的 RGB 颜色空间范围不同，同样三原色比例所混合出的颜色也有差别。例如，同一幅图像在不同型号显示器上显示，由于所使用的三原色荧光粉不同，所看到的颜色不完全一样，有时甚至会有很大差别。所以，RGB 颜色空间也是一个与设备相关的颜色空间。

加色混色空间是一个线性空间，可以用前面介绍的颜色相加计算法进行计算。用红、绿、蓝三原色加色混色的基本规则如图 3－24 所示。

红光＋绿光＝黄光；红光＋蓝光＝品红光；绿光＋蓝光＋青光＝白光

与印刷油墨减色混色的规则相比，二者的过程正好相反。加色混色的显著特征是颜色混合后变得更亮。在彩色桌面出版系统应用软件中，红绿蓝三原色用 0～255 的数字量来表示，代表三原色的亮度。0 表示无光，颜色最暗；255 表示最大亮度，颜色最亮；三种原色以 0～255 之间的数值进行混合，就可以得到丰富多彩的颜色。如果 R、G、B 按一定的规则和顺序改变，就能够得到各种组合的颜色，例如（255，240，30），（130，33，80），（0，200，150）都代表不同的颜色，颜色数量可以达到 256^3 之多。

用 R、G、B 三刺激值可以很方便地表示颜色中三原色的比例，但人眼只能感觉颜色的明度、色调和饱和度三个属性，不能直接感知颜色中三原色的比例。为此，可以用简单

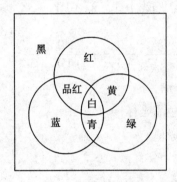

图 3－24　三原色光相加

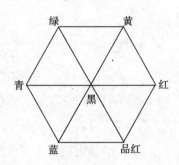

图 3－25　HSB 颜色的表示方法

的算法将 R、G、B 三刺激值转换为明度、色调和饱和度，称为 HSB 系统。H 代表色调，S 代表饱和度，B 表示亮度。HSB 系统可以简单地用图 3－25 表示（不包括明度），计算公式如下：

$$\begin{cases} H = \dfrac{180°}{\pi} arctg \dfrac{y_r + y_g + y_b}{x_r + x_g + x_b} \\[2mm] S = \dfrac{max(R、G、B) - min(R、G、B)}{max(R、G、B)} \times 100\% \\[2mm] B = \dfrac{max(R、G、B)}{255} \times 100\% \end{cases} \quad (3-18)$$

式中　max（R、G、B）、min（R、G、B）代表取 R、G、B 中最大的一个和最小的一个，R、G、B 的取值范围为 0～255。x_r、y_r、x_g、y_g、x_b、y_b 分别是红、绿、蓝三原色在水平和垂直坐标轴上的分量。

由图 3－25 中的几何关系可以看出：

$$\begin{cases} x_r = R\cos0° = R, & y_r = R\sin0° = 0 \\ x_g = G\cos120° = -\dfrac{1}{2}G, & y_g = G\sin120° = \dfrac{\sqrt{3}}{2}G \\ x_b = B\cos240° = -\dfrac{1}{2}B, & y_b = B\sin240° = -\dfrac{\sqrt{3}}{2}B \end{cases} \tag{3-19}$$

由公式可以看出，色调角用与 x 坐标轴的夹角表示，3 个基本色与 3 个二次色（黄、品红、青）相互间隔 60°：0° 表示红色，60° 表示黄色，120° 表示绿色，……，逆时针依次类推。色调角度 H 的计算遵循矢量合成的法则，当两个基本色混合时，混合色偏向比例大的一个。饱和度 S 为三刺激值最大值与最小值的差值与最大值之比。也就是说，S 是衡量颜色中含灰度或相反色的尺度。由此可知，如果 R、G、B 三刺激值之一为 0，灰度值为 0，则无论其他两个为何值，S 都必定为 100，饱和度最高。亮度 B 只与最大的那个三刺激值有关，而且等于三刺激值中最大值与最大数字量 255 的比值。因此，只要最大的三刺激值保持不变，其他两个无论如何变化都不会影响亮度值，只会影响色调角和饱和度。

HSB 颜色表示法也是彩色桌面出版系统软件中设置颜色的基本方法之一，但 HSB 是由 R、G、B 颜色计算得到的，所以也会随着 R、G、B 三原色的改变而变化，而且这种简单的计算并不完全与颜色感觉相一致。

第五节　以 C、M、Y、K 值表示颜色的方式

彩色印刷通常采用青(C)、品红(M)、黄(Y)和黑(K)四种原色油墨，油墨的墨量用网点面积率 0%～100% 表示，0% 表示没有油墨，即白纸，颜色最亮；100% 表示油墨实地（即油墨印满白纸），颜色最深。这四种原色油墨以不同的网点比例印刷在纸上，就得到了各种印刷颜色，各种印刷网点形成颜色的总和就构成了印刷颜色系统，通常又称为 CMYK 颜色空间，因此印刷的颜色系统也是一种混色系统。在印刷制作过程中和设计印刷版面时，经常需要知道印刷特定颜色时所需要的原色网点比例，也经常需要知道所设计的原色网点比例印刷后是什么效果，在这种情况下都需要对照印刷色谱来确定颜色。

印刷色谱通常是以印刷网点比例来排列的，并且以原色的网点比例来给颜色标号，例如，20C40M05Y0K 标号的颜色表示以 20% 网点的青油墨、40% 品红、5% 黄、没有黑色所印刷成的颜色，依次类推。色谱的每一页上，通常一种原色油墨网点比例沿水平方向变化，另一种原色油墨沿垂直方向变化，而其他两种原色油墨网点值为常数或几个固定值，每一页设定不同的值，这样就可以涵盖整个颜色范围，如彩图 14 所示。

目前印刷油墨还没有统一的标准，各油墨生产厂家制造的原色油墨颜色不统一，而且印刷条件和印刷材料对印刷呈色都有影响，因此在不同情况下，即使以相同网点比例

印刷也会得到不同的颜色效果。所以，一本印刷色谱只在相同印刷条件下有参考意义，改变了印刷条件就有可能不准确。如果一本印刷色谱不说明印刷时所使用的油墨、纸张等印刷条件和观察条件，就不能保证使用该色谱的准确性。

另一方面，印刷的颜色不仅与油墨等印刷材料有关，还与印刷制作的工艺有关，同一颜色，可以用不同的原色网点比例实现，这一点可以通过对 Neugebauer 方程组的讨论（见第五章第二节）更好地理解。例如，同一个深红色样品，既可以用 20C78M100Y10K 网点比例实现，也可以用 29C82M100Y02K 的网点比例印刷得到，这就是使用灰色成分替代和底色去除两种不同分色工艺所带来的差别。尽管各原色的网点面积差别近 10%，但它们得到的颜色是相同的。因此，购买来的印刷色谱仅仅有参考的价值，不能作为印刷颜色的标准。从这个意义上说，各印刷厂要根据自己的印刷数据来制作自己的印刷色谱，这样才能保证印刷颜色的准确。正由于印刷颜色的这种多变性，色谱中不可能包含各种情况，对网点与印刷色对应关系的准确判断或经验，是印刷从业人员的基本素质。

第六节　以视感觉量表示颜色的方式

人们在生活及生产实践中常常需要交流、传递有关颜色的信息，如何准确有效地表述颜色，是人类长期探索的课题。最初是用语言来描述，这种方法不准确且有限，只能是粗略的描述。CIE 色度系统的出现解决了颜色的定量描述问题，可以用来测量、计算和表示颜色，但三刺激值和色品坐标不能与人的视觉所能感知的颜色三属性——明度、色调和饱和度直接关联，给使用带来不便。早在它出现前，一直沿续至今，许多与颜色密切相关的行业都采用制作一些色样来统一颜色的标准，如纺织印染行业的染料色样、印刷行业的色谱、染料行业的涂料色样、农业用的土壤色样等。将一些色样按一定的规则排列起来就构成了一种特定的色序系统。一个完整的色序系统通常应具备以下三个条件：按一定的规则和顺序排列颜色；每一种颜色应有特定的标号加以识别；有与 CIE 色度系统对应的关系，以便于测量。严格说来，色样并不一定是具有颜色的实物，所以 CIE 系统也是一种色序系统，或者称为一种抽象系统。前面提到过的印刷色谱由于没有统一的油墨颜色标准，无法与 CIE 色度系统建立一一对应的转换关系，不能算作理想意义上的色序系统。

目前国际上流行的色序系统有多种，它们各有特点。其中以视感觉量表示颜色的色序系统划分为两大类：差别系统和类似度系统。差别系统是按颜色变化量在视觉感觉上均匀等间隔变化的原则排列，即相邻颜色间的差别在视觉上是相等的。这类色序系统以美国的孟塞尔颜色系统最为著名。类似度系统则是以颜色感觉在明度、色调、饱和度三方面与标准颜色的类似程度编排的。这类颜色系统以瑞典自然色系统（NCS）为代表。本章重点介绍这两种色序系统。

一、孟塞尔系统

美国画家孟塞尔（A. H. Munsell，1858～1918）所创立的孟塞尔颜色系统是用颜色立体模型表示表面色的三种基本特征：明度、色调、饱和度，见彩图15。在一个类似球体的立体模型中每一部位各代表一个特定的颜色，并给予一定的标号，各标号的颜色都用纸片制成颜色样品卡片，按标号次序排列起来，汇编成颜色图册。自1915年美国最早出版《孟塞尔颜色图谱》以来，孟塞尔表色系统不断在修改和完善。1943年，美国光学学会组织了几百万人次的重新观察和测量，制定出了更加符合视觉上等距原则的《孟塞尔新标系统》，而且对每一张色卡都给出了相应的CIE1931标准色度系统的色品坐标，两系统可以互换，使之更趋科学实用。由于孟塞尔表色系统表色完全，编排合理，孟塞尔图册制作精良，便于携带、保存与查阅，同时具有和CIE标准色度系统的换算关系，因而受到了许多用色部门的关注，是目前最常用的表色系统之一，在许多国家的颜料、油墨、印刷品等用色领域作为分类和标定物体表面色的方法。美国国家标准学会和美国材料测试协会已将其作为颜色标准，英国标准学会也用孟塞尔标号来标定颜料，中国颜色体系及日本颜色标准均是以孟塞尔色系作为参照标准的。

1. 孟塞尔色立体

孟塞尔色立体外形如图3－26所示。它是一个三维的类似球体模型，将各种能由稳定的颜料配制出来的颜色以明度、色调、彩度的一定顺序全部表现出来，并给每一部位的特定颜色一个固定的标号。色立体上每一个点都对应着一种能实现的颜色。

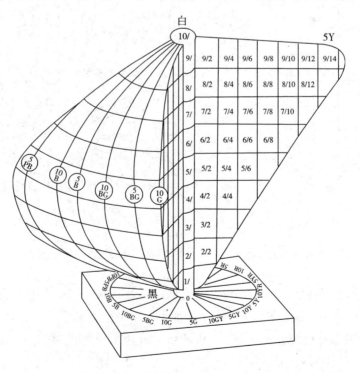

图3－26 孟塞尔颜色立体示意图

（1）孟塞尔明度（Value，记为 V）。孟塞尔颜色立体的中心轴代表由底部的黑色到顶部白色的非彩色系列的明度值，称为孟塞尔明度，以符号 V 表示。理想黑色定为 V＝0，理想白色定为 V＝10。孟塞尔明度值由 0～10 共分为 11 个在视觉上等距（等明度差）的等级。实际应用中由于理想的白、黑色并不存在，所以只用到 1～9 级。彩色的明度值在颜色立体中以离开基底平面的高度代表，即同一水平面上的所有颜色的明度值相等且等于该水平面中央轴上非彩色（灰色）的明度值。

在印刷和摄影领域，通常将画面上明度值在 9～7 级的层次称为亮调（高调），6～4 级称为中间调，3～1 级称为暗调（低调）。

（2）孟塞尔彩度（Chroma，记为 C）。在孟塞尔色立体中，颜色的饱和度以离开中央轴的距离来表示，称为孟塞尔彩度，表示这一颜色与相同明度值的非彩色之间的差别程度，以符号 C 来表示。如图 3－27 所示，彩度被分为许多视觉上相等的等级，中央轴上的非彩色彩度为 0，离开中央轴越远，彩度越大。在《孟塞尔图册》中以每两个彩度等级为间隔制出颜色样卡，不同色调的颜色的最大彩度并不相同，如图 3－27 和图 3－28 所示，个别最饱和颜色的彩度可达到 20。如果今后颜料工艺发展了，获得彩度更大的颜色，可以很容易地将这一新颜色样品加入色立体和图册中的相应位置。

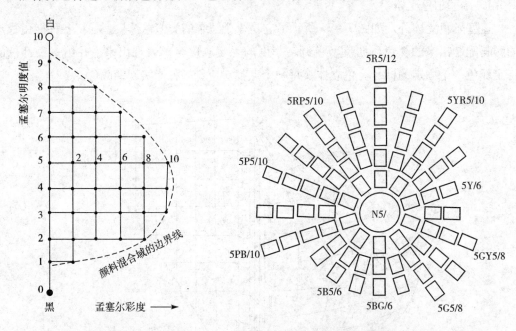

图 3－27　孟塞尔色立体明度与彩度标尺　　　　图 3－28　明度值为 5 时孟塞尔色立体水平截面

（3）孟塞尔色调（Hue，记为 H）。孟塞尔色调是以围绕色立体中央轴的角位置来代表的，以符号 H 表示。孟塞尔色立体水平剖面上以中央轴为中心，将圆周等分为 10 个部分，排列着 10 种基本色调组成色调环。色调环上的 10 种基本色调中，有五个主要色调红（R）、黄（Y）、绿（G）、蓝（B）、紫（P）和五个中间色调黄红（YR）、绿黄（GY）、蓝绿（BG）、紫蓝（PB）、红紫（RP），其位置如图 3－29 所示。每一种色调再细分成 10

个等级，从 1 ~ 10，并规定每种主要色调和中间色调的标号均为 5，孟塞尔色调环共有100 个刻度。

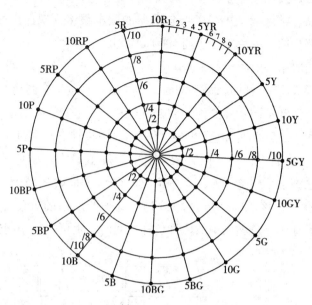

图 3 - 29　孟塞尔色调环

2. 孟塞尔颜色标号

任何颜色都可以用孟塞尔色立体上的色调、明度、彩度这三项坐标进行标定，并给予一定的标号。书写的方式是：HV/C = 色调明度值/彩度。例如，一个孟塞尔标号为5R8/6 的颜色，色调 5R 说明它是红色，明度值 8 说明它很明亮，彩度 6 说明它的饱和度中等。

对于非彩色的白黑系列中性色用 N 表示，书写的方式是：NV/ = 中性色 明度值/ 。N 的后面只给出明度值，斜线后面不写彩度值。例如，明度值为 6 的中性灰色写作N6/ 。对于彩度低于/0.3 的黑、灰、白色通常标为中性色。如果需要对彩度低于/0.3 的中性色作精确的标定，一般采用下面的书写方式：NV/(H,C) = 中性色 明度值/（色调，彩度）。在这种情况下只用五种主要色调和五种中间色调中的一种而不再细致区分。例如，对一个略带绿色的浅灰色，写作 N8/(G,0.2)。

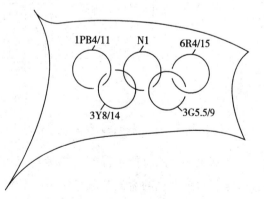

图 3 - 30　奥运会会旗图案中的颜色标号

孟塞尔系统表色法又称为 HVC 表色法，是国际上较为通用的标记色彩的方法。例如，奥运会会旗五环标志的颜色标号，如图3 - 30所示。

3. 孟塞尔颜色图册

孟塞尔颜色图册是按照颜色立体模型的颜色分类方法，用大约 1.8cm×2.1cm 纸片制成许多标准颜色样品，汇编而成的。孟塞尔图册的版本很多，现在出版的孟塞尔系统图册都是按新标系统编排的，颜色卡已达到 5000 块以上。

在孟塞尔颜色图册中一般给出每种基本色调的 2.5、5、7.5、10 四个等级，将色调环围绕中央轴垂直切割成 40 个剖面，每一剖面即为样册的一页，全图册共 40 页。每页包括同一色调的不同明度值和不同彩度值的颜色卡片。彩图 16 所示为孟塞尔图册中的 5R 页。图 3 - 31 是色立体 5Y 和 5PB 两种色调的垂直剖面。中央轴表示明度 1~9 级，左侧的色调是紫蓝色（5PB），当明度值为 3 时，紫蓝色的彩度值最大，该色的标号为 5PB3/12，其他明度值的紫蓝色都达不到这一彩度。中央轴右侧色调是黄（5Y），当明度值为 9 时，黄色彩度达到最大值 14，该色的标号为 5Y9/14，其他明度值的黄色都达不到这一彩度。如果颜色样品介于孟塞尔颜色图册中的两种色样之间时，也可采用中间数值标注。

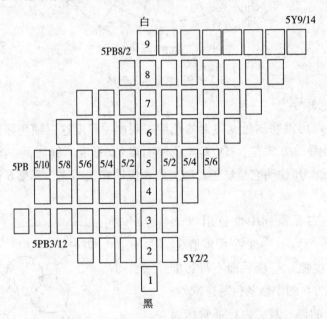

图 3 - 31　孟塞尔颜色立体的 Y - PB 垂直剖面（孟塞尔颜色图册 5PB、5Y 页）

孟塞尔颜色图册便于保管、携带与查阅，因而具有广泛的用途。利用孟塞尔图册可以确定任何表面色的孟塞尔颜色标号。只需将颜色卡片与样品色进行目视匹配，找出与样品色相同的孟塞尔色卡，从而给出样品色的孟塞尔颜色标号。这种方法大大地方便了人们进行颜色交流。例如，美术图案、商标等设计，可用孟塞尔颜色标号标定颜色，然后送到印刷厂或美工人员处印刷或绘图。孟塞尔颜色图册可用于 CIE 标准色度系统与孟塞尔系统的相互转换。孟塞尔颜色图册中每一张色卡既有孟塞尔标号，又有 x，y 和 Y 的对应数值，这对于工业用色中推行数据化和标准化十分有利，是一种科学的表色方法，也是一种世界通用的色彩语言。另外，由于孟塞尔颜色系统的颜色卡片是按照视觉等差的规律排列的，因此常被用来检验与某一色差公式有关的颜色空间的均匀性。例如，经它检验，CIE L*a*b* 和 CIE L*u*v* 均匀颜色空间的均匀性并非完全理想，但 CIE L*a* b* 色空间的均匀性略优于 CIE L*u*v* 色空间。综上所述，因其历史性、实用性、标准性及广泛性，在印刷行业推广孟塞尔表色系统 HVC 表色法对印刷色彩标准化、数据化工作将有着积极的意义。

二、自然色系统（NCS）

自然色系统（Natural Color System，简称 NCS）是由瑞典科学家于 1964 年提出的，已成为瑞典及北欧一些国家的颜色标准，并在 1979 年出版了 NCS 颜色图谱。NCS 起源于赫林的四色理论，确定颜色的方法基于人的颜色视觉，是按照颜色外貌与六种心理原色相类似的程度来分类和排列的，或者说是用所含这六种原色的比例来排列的。因此它为每一个具有正常色觉的人提供了一种直接判定颜色的方法，不需借用仪器与色样。

自然色系统以六个心理原色：白（W）、黑（S）、红（R）、绿（G）、黄（Y）、蓝（B）为基础。这六种心理原色是人头脑中固有的颜色感觉，是做颜色判断时的心理标准。因此，在这个系统中用"类似"而不是用"混合"来说明颜色，正是由于它是根据直接观察的颜色感觉而非混色实验来对颜色进行分类与排列的。在这里，心理原色红色为既无黄色感觉也无蓝色感觉的纯红色；心理原色黄色为既无红色感觉又无绿色感觉的纯黄色，以此类推。白和黑为想象当中最白和最黑的纯色。根据颜色视觉的特点，与红相类似的颜色决不可能同时与绿色相类似；与黄相类似的颜色决不可能同时与蓝色相类似，反之亦然，故称红和绿，黄和蓝分别为对立色。六种心理原色之间无任何类似性。其他色调的颜色都可视为与白、黑、红、绿、黄、蓝这六种原色有不同程度类似性的颜色。

NCS 所采用的颜色感觉空间的几何模型如图 3-32 所示。

色立体的纵轴表示非彩色系统，顶端是白色，底端是黑色。色立体的中部由黄、红、蓝、绿四种彩色原色构成一个色调环。在这个立体系统中，每一种颜色都占有一个特定的位置，并且和其他颜色有着准确的关系。为了更加直观和便于理解，用 NCS 色立体水平剖面构成的色调环和过中心轴垂直剖面的一半构成的颜色三角形加以说明，更清楚地查看各心理原色之间的关系，如图 3-33 所示。

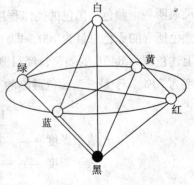

图 3-32　NCS 色立体

用 NCS 判断颜色时，第一步是确定颜色的色调。色立体的水平剖面色调环被四种彩色原色分成了四个象限，每两个相邻的基本色之间又分为 100 个等级，整个圆周共 400 个等级。首先要辨别出该颜色色调应位于哪两个原色构成的象限中，然后再判断这一色调与

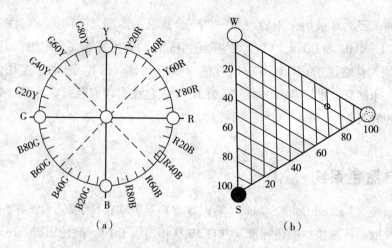

图 3 – 33　NCS 色调环与颜色三角形

两种原色相类似的程度。以 Y – R 象限为例，从 Y 到 Y50R，与黄的类似度由 100% 逐渐减少至 50%，与红的类似度由 0% 逐渐增加至 50%；从 Y50R 到 R，与黄的类似度由 50% 降至 0%，与红的类似度由 50% 升至 100%。NCS 色调标号的含义为前后两个原色符号表明颜色在色调环中所处象限，原色的前后顺序以色调环上的顺时针次序为准，原色标号中间的数字表示该颜色与后面那个原色相类似的程度。如 R40B，表示该颜色色调位于 R – B 象限，与蓝原色的类似度为 40%，显然可推得与红原色的类似度为 60%。

　　第二步是由目测判别出该颜色中含彩色(C)和非彩色量(W)和黑(S)的相对多少。NCS 色立体的垂直剖面的左右半侧各是一个三角形，称颜色三角形。三角形的 W 角代表心理原色白、S 角代表心理原色黑，也就是色立体的顶端和底端，C 角代表一个纯色，与黑白都不相似，它也是色立体中部最大圆周上（即色调环上）某一点。颜色三角形中有两种标尺：彩度标尺和黑度标尺。彩度标尺表明一个颜色与纯彩色的类似程度；黑度标尺表明一个颜色与黑色的类似程度。这两种标尺均被分成 100 等份。NCS 规定，任何一种颜色所含的原色总量为 100，即白度(W) + 黑度(S) + 彩度(Y + R + B + G) = 100。例如，上述色调为 R40B 的颜色，经目测后判定其与黑原色的类似度为 10%，与纯彩色的接近程度为 70%，于是，该颜色最终的 NCS 标号为：

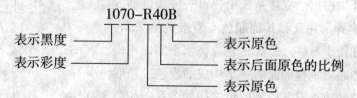

各原色的数量为：W(白) – (原色总量 – 黑度 – 彩度) = (100 – 10 – 70) = 20

$$S（黑）—10$$
$$Y（黄）— 0$$
$$R（红）—42 \left.\vphantom{\begin{matrix}1\\1\end{matrix}}\right\} \text{彩度：} C=42+28=70$$
$$B（蓝）—28$$
$$G（绿）— 0$$

R、B 的相对比例为：$\varphi = \dfrac{28}{42+28} \times 100\% = 40\%$

  NCS 颜色系统是一种建立在四色理论上的，以心理物理实验为基础的观测方法。该系统除了可以用来标定、识别和传递颜色的特性和数据外，另一个最重要的用途是用 NCS 目视法做颜色样品的观测实验。四色理论和实验表明，六种基本色是人脑中固有的判断标准，人们可以很容易地判断出某种颜色与这六种基本色的类似度。实验结果表明，人们不需经过特殊训练或稍加训练就可以很准确地用 NCS 目视法判断出颜色样品的 NCS 标号，判断平均误差仅约为 ±10NBS 单位，其大小相当于 NCS 颜色图册中相邻两颜色样品的差别。因为这种目视观测方法是不需要任何参照样品的绝对判断，所以非常适合于做不同条件下样品颜色变化的实验。如检验光源显色性的实验，不同照明下色适应的实验等，实验中很容易由样品的颜色感觉判断出与两种彩色原色的类似度比例，由此得出样品的色调，同样也可以判断出颜色中彩色、黑度和白度所占比例，由此推算出样品的 NCS 标号。由 NCS 标号就可根据 NCS 样品与 CIE 三刺激值的关系求出样品的三刺激值。

  但是 NCS 系统在颜色差别的感觉上不是等间隔的，这就决定了它不适合于评价颜色样品的色差和评价颜色空间的均匀性。这是 NCS 系统使用上的局限性。

复习思考题三

  1. 在 CIE1931 – RGB 系统中光谱三刺激值出现负值的意义是什么？

  2. Y 刺激值相同而 X 和 Z 不同的颜色具有什么共性？色品坐标 x、y 相同的颜色是否具有相同的颜色感觉？颜色感觉相同色品坐标是否相同？

  3. 讨论不同明度的非彩色之间的三刺激值和色品坐标有何共性？

  4. 三个不同波长的单色光混光，若把各单色光光强同时增大或减小一倍，则三刺激值有无变化？色品坐标有无变化？为什么？

  5. 黑体有何特性？为什么用黑体的温度来说明光源的颜色？

  6. "暖白"光源比"冷白"光源使用时温度要高，对吗？

  7. 光源的颜色特性分为哪两个方面？它由什么决定的？

  8. 什么是光源的显色性？在哪些场合要注意光源的显色性？

  9. 为什么不能直接用 CIEXYZ 三刺激值计算色差？

  10. 说明以下孟塞尔标号所表示颜色的大致特征：

（1）5B4/6；（2）7.5PB 5/10；（3）N9/；（4）N3/（RY，0.2）

11. 什么是"自然色系统"？它与孟塞尔表色系统有何不同？

12. 说出以下 NCS 标号的颜色样品的各种类似度：

（1）1090 - B30G；（2）2040 - R；（3）3000；（4）2050 - Y80R

13. NCS 系统有几个独立变量？它们各是什么？

14. NCS 立体中，相同黑度的颜色组成何种曲面？相同彩度的颜色组成什么样的曲面？

15. 在 Photoshop 软件的调色板中，设置不同的 CMYK 网点比例，观察混合色的变化规律。

16. 在 Photoshop 软件的调色板中，设置不同的 RGB 颜色比例，观察混合色的变化规律，观察 RGB 与 HSB 两种表示颜色方法的关系，并进行验算。

17. 对比其他应用软件的调色板和设置颜色的方法。

第四章　颜色的测量

根据已掌握的有关颜色视觉产生机理及 CIE 标准色度系统的理论可以知道，对于颜色的目视观测会受到诸如光源、环境光、色适应、人眼不同的视觉响应特点等因素的影响，要实现客观评测不太可能。CIE 标准色度学系统的建立为人们客观地测量物体的颜色提供了理论基础。

第一节　测量颜色时的照明与观测条件

在用眼睛观察颜色时，照明光的入射方式和眼睛观察时的观察角度都会影响看到的颜色感觉，有时还可能出现镜面反射光，根本看不清颜色。因此在颜色测量时，物体表面和工作标准反射板都必须沿着某一相同方向被照明和观测，才能保证测量数据的一致性。这一点以及实际采用的照明和观测条件是非常重要的，尤其是当被测物体表面有光泽的时候。为了避免由于照明和观测条件的不同而引起的测量结果的差异，CIE 推荐了几种照明和观测条件作为标准。

对于透射样品颜色测量，规定采用垂直照明、透射方向测量（漫透射样品除外），这与实际观察透射样品的条件相一致，如图 4 - 1 所示。

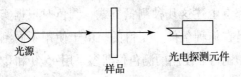

图 4 - 1　透射样品颜色测量照明与观测条件

对于反射样品（不透明物体）颜色测量，CIE 推荐了四种照明和观察条件作为标准，它们分别是：

1. 45°照明，法线（0°）观测，记作 45/0。
2. 法线（0°）照明，45°观测，记作 0/45。
3. 漫射照明，法线观测，记作 d/0。
4. 法线照明，漫射观测，记作 0/d。

这四种几何关系的示意图如图4-2所示。

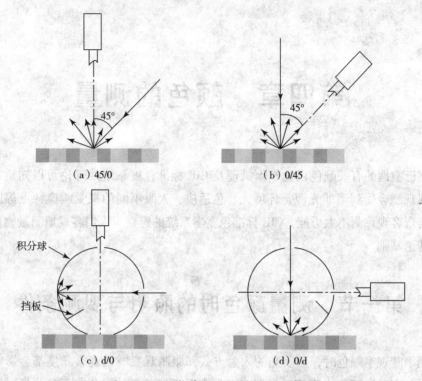

图4-2　CIE推荐的四种照明和观测条件

前两种（45/0，0/45）条件接近于目视观察条件，可以有效地将样品表面的镜面反射排除在外。后两种（d/0，0/d）条件下的测量是通过仪器内的积分球实现的，因为积分球内壁涂满全漫反材料，光线在积分球内部多次反射，不会损失，可以测得待测样品的全部反射（包括漫反射和镜面反射）特性，所以这两种测量方法与样品的表面结构无关，这对于有光面与毛面之分的纸张以及各种织法、纤维成分不同的纺织品的测量尤为重要。

多数颜色测量仪器都有上述这几种测量方式，测色时根据实际需要适当选择。在给出测试数据时应该注明是在何种条件下测得的。由于使用不同测量方式得到的测量结果会有一定差别，因此，印刷行业使用的测色仪器多采用45/0和0/45两种几何条件，以模拟人眼观察的效果。

第二节　颜色测量仪器的分类

第三章中讲到为了采取计算的方法得到以数量表达的颜色，首先将颜色视觉产生过程中的四要素分别以光谱特性的形式加以量化。光源的光谱特性即光源的辐射能量随波长的分布称为光源的光谱分布，记为$S(\lambda)$；物体的光谱特性——非透明物体以物体的光

谱反射率 $\rho(\lambda)$ 表示、透明物体以物体的光谱透射率 $\tau(\lambda)$ 表示；光谱三刺激值 $\bar{x}(\lambda)$、$\bar{y}(\lambda)$、$\bar{z}(\lambda)$ 反映人类平均颜色视觉特性（即眼睛 + 大脑的光谱特性，称为标准色度观察者）。

$$\begin{cases} X = k\int_{\lambda} S(\lambda)\rho(\lambda)\,\bar{x}(\lambda)\,\mathrm{d}\lambda \\ Y = k\int_{\lambda} S(\lambda)\rho(\lambda)\,\bar{y}(\lambda)\,\mathrm{d}\lambda \\ Z = k\int_{\lambda} S(\lambda)\rho(\lambda)\,\bar{z}(\lambda)\,\mathrm{d}\lambda \end{cases} \quad \text{或} \quad \begin{cases} X_{10} = k_{10}\int_{\lambda} S(\lambda)\rho(\lambda)\,\bar{x}_{10}(\lambda)\,\mathrm{d}\lambda \\ Y_{10} = k_{10}\int_{\lambda} S(\lambda)\rho(\lambda)\,\bar{y}_{10}(\lambda)\,\mathrm{d}\lambda \\ Z_{10} = k_{10}\int_{\lambda} S(\lambda)\rho(\lambda)\,\bar{z}_{10}(\lambda)\,\mathrm{d}\lambda \end{cases}$$

其中 $\lambda = 380 \sim 780\mathrm{nm}$。

颜色视觉过程的公式化描述也就是由上述四要素的光谱特性通过积分运算求得表示颜色感觉的三刺激值 X、Y、Z 的方法，也就是以数量描述颜色的方法。

式中 k，k_{10} 为归化系数

$$k = \frac{100}{\int_{\lambda} S(\lambda)\,\bar{y}(\lambda)\,\mathrm{d}\lambda} \quad \text{或} \quad k_{10} = \frac{100}{\int_{\lambda} S(\lambda)\,\bar{y}_{10}(\lambda)\,\mathrm{d}\lambda}$$

由于在特定的标准光源和标准观察者函数条件下，$S(\lambda)$ 与光谱三刺激值和归化常数 k 的乘积是常数，称为加权函数，可以直接从数表中查到，因此，在使用加权函数计算三刺激值时可以简化计算，直接用加权函数与光谱反射率的乘积求和得到三刺激值。

颜色测量仪器正是依据上述公式进行颜色的测量与计算。根据获得三刺激值的具体方式不同，颜色测量仪器通常可分为分光光度计和光电色度计两类。

分光光度计用来测量反射物体的光谱反射率 $\rho(\lambda)$ 和透射物体的光谱透射率 $\tau(\lambda)$，如果选择不同的标准照明体和标准观察者数据，就可以算出相应条件下的三刺激值。由于需要测量物体对各波长光的反射率或透射率，因此测量时需将白光分解为不同波长的单色光，而且测量的 $\rho(\lambda)$ 或 $\tau(\lambda)$ 属于光度量，非色度量，因此这类仪器才称为分光光度计。

光电色度计通常又称为色差计，它采用滤色器来校正光源和探测元件的光谱特性，使透过滤色片的光符合标准光源的光谱分布，光电探测元件的光谱特性符合标准色度观察者的光谱特性。于是这类仪器在测量时就相当于人眼去观察样品颜色，可以直接获得三刺激值的积分值。因此这类仪器只能测量特定光源、特定观察条件下的颜色。

还有一种测色仪器称为彩色密度计，它通过测量样品色在三种不同滤色片下的密度值来确定颜色的特性。它的测量原理与色度计类似，用滤色片将照明光校正为特定的光谱分布，但这种光谱分布不符合 CIE 色度学体系，但在表示减色法呈色效果时比较方便、直观，在印刷行业应用广泛，可以很方便地起到控制墨量颜色的作用。

第三节　分光光度计

这类仪器测量的实际是光度量而非色度量。它的基本原理是通过比较待测样品和标

准样品对特定波长的光反射（或透射）的光通量之比，求得待测样品的光谱反射比或光谱透射比，即 $\rho(\lambda)$ 或 $\tau(\lambda)$。

测量透射样品时所选的标准样品通常为空气，因为空气在整个可见光谱范围内的透射比均为 1(100%)。测量反射样品时用完全反射漫射体作为标准，它在可见光谱范围内的反射比均为 1。而实际上全漫反物体并不存在，只有选 MgO、BaSO$_4$、白陶瓷板等高反射率材料来替代，要求在可见光谱范围内各波长反射比均匀一致，最好均接近于 1。

分光光度计主要由光源、色散装置、光电探测器和数据处理与输出几部分构成，其工作流程是：由光源发出足够强度的连续光谱，先后或同时（将光束一分为二）照射到待测样品及标准样品上，其反射（或透射）的光经色散装置输出为由不同波长的单色光排列而成的色散光谱，然后分别将不同波长的单色光用光电探测器接收光能并转变为电能，从而记录和比较光通量的大小，得出样品的光谱反射比（或光谱透射比）。图 4 – 3 所示为反射式分光光度计原理。当前使用的分光光度计多与计算机相联作为数据处理和输出装置，它能根据所存储的数据 [如标准照明体 $S(\lambda)$、标准色度观察者函数 $\overline{x}(\lambda)$、$\overline{y}(\lambda)$，$\overline{z}(\lambda)$ 等] 和计算程序，将所测得的 $\rho(\lambda)$ 或 $\tau(\lambda)$ 进行计算，依据三刺激值计算公式 (3 – 3)，得出三刺激值、色品坐标、色差等结果，并能存储数据，显示、打印各种曲线、图表。

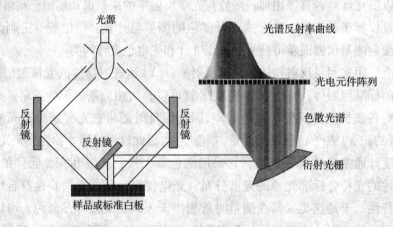

图 4 – 3　反射式分光光度计原理示意图

分光光度计测色精度高，但仪器结构复杂，价格昂贵，通常用于颜色的精密测量和理论研究之用。但随着电子元器件成本的降低与制造技术的提高，市场上出现了一些体积小、价格低的分光测色仪器，如美国的 X – Rite 公司和 Macbeth – Gretag 公司、德国的 Techkon 公司的产品，它们越来越多地应用于印刷行业，作为颜色控制、彩色管理的设备。

第四节　光电色度计

光电色度计是根据颜色视觉理论，模拟人眼视网膜上三种锥体细胞的光谱响应$\bar{x}(\lambda)$、$\bar{y}(\lambda)$、$\bar{z}(\lambda)$，利用仪器内部光电器件的积分特性，直接由仪器得到颜色的三刺激值。这类仪器可以测量物体的颜色（透射或反射），也可以测量光源的颜色。在测色时，测量待测样品所用的照明光源必须是能发出连续光谱的普通光源，需加校正滤色器进行校正，使之满足标准照明体 A、B、C、D_{65} 等特定的光谱分布之一的规定。另外，仪器内部光电探测器的光谱灵敏度也要加校正滤色器进行校正，使其与人眼的视觉特性相吻合，即与 CIE 标准色度观察者光谱三刺激值相一致，如图 4-4 所示。这两种校正滤色器通常是结合在一起来设计的，只要使仪器的总光谱灵敏度满足模拟要求即可，也就是要满足卢瑟条件。

光电色度计由照明光源、校正滤色器、光电探测器等主要部分组成，其设计的关键在于校正滤色器，它直接关系到测量的准确度和测量的条件。图 4-5 所示为反射式光电色度计原理。滤色器必须使仪器的总光谱灵敏度满足下面的卢瑟条件：

$$\begin{cases} K_X S_0(\lambda)\tau_X(\lambda)\gamma(\lambda) = S(\lambda)\bar{x}(\lambda) \\ K_Y S_0(\lambda)\tau_Y(\lambda)\gamma(\lambda) = S(\lambda)\bar{y}(\lambda) \\ K_Z S_0(\lambda)\tau_Z(\lambda)\gamma(\lambda) = S(\lambda)\bar{z}(\lambda) \end{cases} \quad (4-1)$$

式中　　　　　　　　$S_0(\lambda)$——仪器内部光源的光谱分布；

　　　　　　　　　　$S(\lambda)$——选定的标准照明体光谱分布；

$\tau_X(\lambda)$、$\tau_Y(\lambda)$、$\tau_Z(\lambda)$ 分别——X、Y、Z 校正滤色器的光谱透射比；

　　　　　　　　　　$\gamma(\lambda)$——光电探测器的光谱灵敏度；

　　　　　　K_X、K_Y、K_Z——三个与波长无关的比例常数。

卢瑟条件不仅是设计色度计的基本关系，也是设计其他颜色转换设备所遵循的基本关系，如彩色扫描仪、彩色摄像机、彩色数码相机等。因此理解这个关系对理解颜色的复制原理很有帮助。

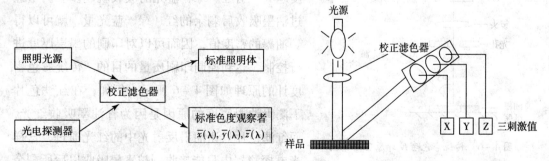

图 4-4　校正滤色器作用原理示意图　　　　图 4-5　反射式光电色度计原理示意图

色度计符合卢瑟条件程度越高，测量精度越高。但通常不能做得完全一致，因此色度计在测量某些颜色时会出现误差。为减小误差，仪器在使用前要先用它去测量已知三刺激值的标准色板或标准滤色片（通常仪器自带），同时调整仪器的输出数据与标准值一致，这一过程称为定标。当对测量结果要求较高时，测量前还应使用与待测样品颜色相近的标准色板定标，如测量红样品前用红色标准板定标，测量蓝色样品前用蓝色标准板定标，这样可以在一定程度上抵消设计的误差，提高测量精度。

第五节　彩色密度计

根据颜色理论，可以用红、绿、蓝三原色光不同比例的变化，来混合出各种各样的颜色，选择黄、品红、青作为减色法三原色的原因就是利用它们分别对红、绿、蓝三原色光的选择性吸收特性，能控制红、绿、蓝三原色光的剩余数量，实现颜色混合。由于密度值实际反映了光的吸收量，通过测量对红、绿、蓝三原色光的吸收量可以反映颜色混合的情况。首先再回顾一下（光学）密度的公式：

$$光学密度\ D = -\lg\tau = \lg\frac{1}{\tau}$$

由此可知，物体对于光的吸收越多，透射率（反射率）越低，相应密度值越大。表4-1列出了透射率与密度的关系，密度值的大小反映了物体对光的吸收程度。

表4-1　透射率与密度的关系

透射率τ	1	0.1	0.01	0.001
密度D	0	1	2	3

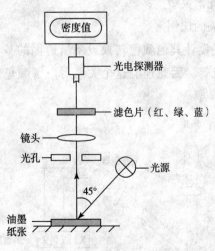

图4-6　传统彩色密度计原理示意图

彩色密度计在光电探测器前分别放置红、绿、蓝滤色片，用来分别透过红、绿、蓝光，测量样品对红、绿、蓝光的吸收量。由于青、品红、黄油墨分别吸收红、绿、蓝光，并且墨层厚度越大，对红、绿、蓝光的吸收就越多。测量经过油墨吸收后剩余的红、绿、蓝光量，就可以得到油墨的密度值，因而可以对印刷的墨层厚度进行控制，达到控制印刷质量的目的。传统彩色密度计的原理如图4-6所示。例如，在红滤色片下测青油墨密度的原因是因为青油墨吸收红光，而红滤色片只让油墨反射光中的红光通过，这样光电探测器中只能接收到被青墨吸收以后所剩余的红光，于是密度计所显示的青油墨密度值即反映了青油墨对光谱中红光的吸收量。对红光吸收量越多，密度值越高，说明青油墨的墨层越厚或网点面积越大或饱和度越高；反之，则说明青油墨饱和度低或墨层薄或网点面积小。

表4-2 某品牌油墨的实地密度值

墨色 \ 滤色片	R	G	B
C	1.63	0.55	0.18
M	0.16	1.41	0.69
Y	0.03	0.09	1.15

表4-2列出了某品牌油墨的实地密度值，每一行为一色油墨在三种滤色片下的密度测量值，而每一列是三种油墨在同一种滤色片下的密度测量值。表中左上角到右下角主对角线上的密度值数值最大，是青、品红、黄油墨分别在红、绿、蓝三种滤色片下测得的密度，称为青、品红、黄油墨的补色密度，记作 D_R、D_G、D_B。其他密度值较小，称为无效密度，反映油墨对其余两个波段色光的不应有的吸收。对于纯正的油墨，人们希望只有补色密度（或补色密度值越大越好）而无效密度等于零。但由于实际油墨都存在色偏，不能正确吸收和通过特定波长的光，总存在无效密度。例如青墨，补色密度为1.63，绿和蓝滤色片下密度分别为0.55和0.18，说明不仅有一部分红光没有完全吸收（青色不足），而且还吸收了一部分绿光和蓝光，即偏蓝（绿密度大于蓝密度说明绿光被吸收的多，剩余的蓝光多）。由于等比例吸收红、绿、蓝光将得到灰色，这三色密度同时存在说明该色墨饱和度不是非常高，具有一定的灰色成分。为了表征油墨的这些特征，引入色纯度、色强度、色偏、色灰、色效率这些概念。

如果用 D_H、D_M、D_L 分别表示每种色墨在三种滤色片下最大、中等和最小密度值。则

$$色纯度百分率 = \frac{D_H - D_L}{D_H} \times 100\% \qquad (4-2)$$

$$色强度 = D_H \qquad (4-3)$$

$$色偏百分率 = \frac{D_M - D_L}{D_H - D_L} \times 100\% \qquad (4-4)$$

$$色灰百分率 = \frac{D_L}{D_H} \times 100\% \qquad (4-5)$$

$$色效率 = \frac{(D_H - D_M) + (D_H - D_L)}{2D_H} \times 100\% = \left[1 - \frac{D_M + D_L}{2D_H}\right] \times 100\% \qquad (4-6)$$

色纯度和色灰是从纯度和灰度这两个侧面反映油墨的饱和度，而且色纯度+灰度=1。色偏反映了除去灰色成分后色调偏离理想色调的程度。例如，当 $D_M = 0$ 且 $D_L = 0$ 时，色偏=0同样色灰=0，说明该油墨非常饱和。若 $D_M - D_L = 0$，而 $D_L \neq 0$，则说明色调虽然无偏离，但饱和度不高。

例题：测得品红油墨在三通道下的密度值分别为 0.28（R）、1.37（G）、0.77（B），求该油墨的色纯度、色偏与色灰百分率，从光谱特性分析油墨颜色不理想的原因。

解：色纯度百分率 $= \dfrac{D_{\mathrm{H}} - D_{\mathrm{L}}}{D_{\mathrm{H}}} \times 100\% = \dfrac{1.37 - 0.28}{1.37} \times 100\% = 80\%$

$\quad$ 色偏百分率 $= \dfrac{D_{\mathrm{M}} - D_{\mathrm{L}}}{D_{\mathrm{H}} - D_{\mathrm{L}}} \times 100\% = \dfrac{0.77 - 0.28}{1.37 - 0.28} \times 100\% = 45\%$

$\quad$ 色灰百分率 $= \dfrac{D_{\mathrm{L}}}{D_{\mathrm{H}}} \times 100\% = \dfrac{0.28}{1.37} \times 100\% = 20\%$

产生色灰的原因是品红油墨不仅吸收了应当吸收的绿光（中波），还对红光（长波）、蓝光（短波）有着不应的吸收。而色偏的原因是由于其对蓝光（短波）的吸收多于红光（长波），则剩余的能够反射进入人眼的红光就多于蓝光，因此说这种品红油墨偏红。

密度计还可以测量各色油墨的网点面积率（单位面积上油墨网点所占的比例），测量根据是默里—戴维斯公式：

$$\alpha = \frac{1 - 10^{-D_{\mathrm{t}}}}{1 - 10^{-D_{\mathrm{s}}}} \qquad (4-7)$$

式中 $\quad \alpha$——所测印刷样品在该处的单色油墨网点面积率；

$\qquad D_{\mathrm{t}}$——所测印刷样品在该处的同一原色油墨密度；

$\qquad D_{\mathrm{s}}$——同样印刷条件下该原色油墨的实地（100%网点面积率）密度。

由此可见，彩色密度计是通过测量三种不同滤色片下的密度值来确定颜色的特征，其作用相当于不同坐标系统的颜色空间表示颜色。通过彩色密度计可以评价原色油墨的颜色质量，在印刷复制过程中评价原稿质量，控制制版、打样质量及印品质量。由于密度计结构简单、结果直观、轻便、价廉、测试光孔小等特点，因而被印刷行业所广泛使用。但因它不符合 CIE 标准，不能真实反映人眼看到的颜色感觉，仅用来测量和控制原色油墨的墨量，从而达到控制印刷品质量的作用。

目前，单纯测量彩色密度的传统密度计已经越来越多地被分光光度计所取代，分光光度计在测得物体的光谱反（透）射率后，可以通过计算求得密度。分光密度测量原理：

$$D = -\lg \tau = -\lg \frac{I_{\tau}}{I_0} = -\lg \frac{\int S(\lambda) \tau(\lambda) \gamma_{\mathrm{i}}(\lambda) d\lambda}{\int S(\lambda) \gamma_{\mathrm{i}}(\lambda) d\lambda} \qquad (4-8)$$

式中 $\quad \tau(\lambda)$——被测样品的光谱透（反）射率；

$\qquad S(\lambda)$——照射光的光谱功率分布；

$\qquad \gamma_{\mathrm{i}}(\lambda)$——探测器的光谱响应函数。

下标 i 代表不同波段范围，分别有三种波段范围对应红、绿、蓝光的响应，反映青、品红、黄三个密度。与 $S(\lambda)\gamma_{\mathrm{i}}(\lambda)$ 不同即光谱乘积 $\prod$ 所对应的密度称为不同的状态密度，如我国印刷行业中采用 T 状态密度，而欧洲国家采用另外一种光谱能量分布的红、绿、蓝光，对应的密度为 E 状态密度；其他行业中都有特定的要求，对应各自的状态密度。

复习思考题四

1. 分光光度计通过测量什么量来测量颜色？请说明测量颜色的原理。

2. 分光光度计可以显示同一样品在不同光源下的色度值，仪器内部是否安装有这些光源？测量时同一样品是否要测量多次方能获得在不同光源下的色度值？

3. 色度计是如何实现积分的？使用同一台色度计能否测量不同光源、不同观察者条件下的颜色，为什么？

4. 密度为何能反映印刷品的颜色？

5. 测量黄、品红、青三种单色油墨的密度和网点面积率时，应分别选用什么颜色的滤色片？用密度计能否测量两色油墨叠印后的密度和网点面积？

第五章 彩色印刷复制颜色

彩色图像印刷是以颜色理论为依据，利用最新科学成果，采用工业生产方式，对原稿进行复制的系统工程。同其他彩色复制系统（如彩色照片拍摄及制作、彩色电视摄像及播放）一样，从色彩的角度可将印刷过程划分为颜色的"分解"和"合成"两个阶段。所谓颜色分解，就是将原稿的颜色分解为三原色的数值，将颜色信息以油墨墨量的形式记录在各原色印版上；颜色合成就是将各原色印版上的原色油墨信息以印刷的方式进行混合，利用各原色油墨的不同比例忠实地还原出原稿丰富的色彩。从生产的角度，印刷复制过程可以分为印前、印刷和印后加工三大部分。这其中受新技术浪潮影响最大的当属印前处理这一阶段，即从处理图文原稿到制成印版这部分工序，这个工序也是颜色技术理论起关键作用的工序。随着电子技术和计算机应用技术的迅猛发展，印刷中已淘汰了照相制版（照相分色），电子分色机制版已逐渐被彩色桌面出版系统（Desk Top Publishing，简称 DTP）所取代，计算机直接制版和数字印刷是今后发展的方向。而这一切的实现离不开颜色的数量化描述与计算，色彩理论在其中起着越来越重要的作用。

第一节 彩色印刷如何复制颜色

一、颜色的分解

颜色复制的首要工作是将需要复制的颜色分解为三原色的数量。彩色印刷颜色分解的基本原理是利用红、绿、蓝三种滤色片对不同波长的色光所具有的选择性透过特性，将原稿上的颜色分解为红、绿、蓝三路信号记录下来，根据进一步的计算，确定控制再现原稿中红、绿、蓝三原色光比例所需的青、品红、黄三种油墨的比例，即青、品红、黄油墨网点面积率，输出记录网点图形的分色胶片，再经晒版制成印版。图 5 - 1 及彩图 17 所示为分色示意图。

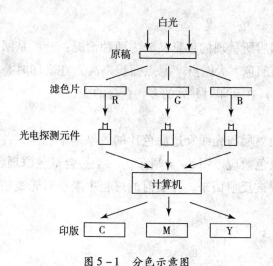

白光

原稿

滤色片 R G B

光电探测元件

计算机

印版 C M Y

图 5-1 分色示意图

电子分色机和彩色 DTP 系统都是采用扫描分色方式，即将照明光用透镜会聚成一个极小的光点，照射到原稿上，原稿透过的光（或反射的光）先后经过红、绿、蓝滤色片，用光电器件将色光转换为电信号，构成扫描图像的像素。像素就是构成图像的最基本的单元。扫描光点逐行由原稿的一端扫到另一端，挨个读取每个像素，经分色后得到原稿上每像素点的颜色特性。

通常，原稿按照观察方式分为透射原稿和反射原稿。透射原稿包括彩色正片、彩色负片、彩色反转片，扫描或观察时，光源与扫描头或人眼分处于原稿的正、反两面。反射原稿以彩色照片、彩色绘画作品和彩色印刷品为主，扫描或观察时，光源与扫描头或人眼位于原稿的同一侧。

随着科技的进步，一种新兴的原稿——数字式原稿在原稿中所占的比重越来越大。数字式原稿的来源主要有以下四个方面：彩色数码相机、相片光盘（Photo - CD）系统、计算机原稿设计系统和数字式通信网络。这类原稿实质上就是彩色图像的高分辨率分解的红、绿、蓝三色数字信号，以一定的数据格式存储在磁盘或光盘上，或直接通过现代化通信网络传送。数字式原稿无须再进行扫描，可直接读入印前处理系统进行处理，进行图文组版、直至输出分色印版再上机印刷。数字式原稿目前在新闻报刊、包装和广告设计市场应用较为广泛。

二、颜色的合成

原稿往往色彩丰富，明暗、浓淡、色调连续变化，而印刷油墨种类有限，浓淡一致，无法再现原稿特色。

网点呈色法是根据人们的视觉特性和印刷特点而产生的一种呈色方法。根据减色法呈色原理，青、品红、黄油墨分别用来调节进入人眼的红、绿、蓝光的数量，从而达到混合出理想色光的目的。那么吸收红、绿、蓝光的多少是如何控制的呢？这就靠调整青、品红、黄版网点来实现。网点呈色有两种类型：一是墨层厚度一样，完全靠网点面积率（即单位面积上油墨网点所占的比例）变化改变颜色，如胶版印刷；二是墨层厚度有变化，墨层越厚颜色越浓，同时也有网点面积率的变化，如凹版印刷。由于第二种类型更为复杂，仅以第一种类型为例加以说明。从彩图 18 所示的各色墨网点梯尺可以看出，印刷品某处颜色的浓淡与该处油墨的网点面积率有关，网点面积率高，则颜色浓，即饱和度高，也就是对其补色光吸收充分；反之，网点面积率低，则饱和度低，颜色淡，吸收弱。

由于网点角度、大小不同，各色版套印后所呈现的色彩又分为两种情况：一种是网点叠合表现的颜色；一种是网点并列表现的颜色。大网点（网点面积率高）在套印时叠合的多，并列的少；小网点（网点面积率低）在套印时并列的多，叠合的少。

1. 网点叠合

油墨是一种半透明的物质，光线进入油墨层与光线穿过滤色片的效果基本相同，各色网点的叠合相当于滤色片的叠合，属于减色效应。图 5－2 所示为网点叠合呈色原理。不过，当光线透射到承印物纸张上时，还要被反射回来，在反射的过程中墨层对光线还将产生二次滤色。

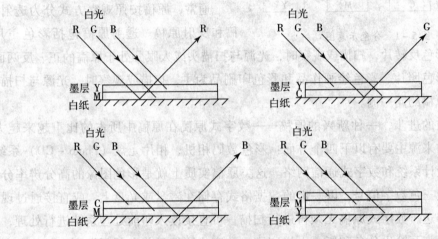

图 5－2　网点叠合呈色示意图

通过青、品红、黄三色网点重叠，共可产生 8 种颜色，参见彩图 4 中的右图。纸张白色（W）和青（C）、品红（M）、黄（Y）这三种原色，又称为一次色；红（R）、绿（G）、蓝（B）这三种间色，又称为二次色；黑色（BK）称为复色，又称为三次色。也就是说，通过油墨的减色过程，只能生成 8 种颜色。

2. 网点并列

由于印刷网点很小且距离很近，在正常视距下，相邻网点对眼睛所成的视角均小于 $1'$，人眼分辨不出单个网点反射的色光，所以并列网点的呈色属于加色法呈色。图 5－3 所示为网点并列呈色原理。

从彩图 6 中可以看出，由于网点的并列和叠合是同时存在的，因此当日光照射在印刷品表面时，反射到人眼里的光就会是多种色光的混合色，青、品红、黄油墨网点面积率不同，各种色光的比例就不同，混合色变幻无穷。所以，可以这样说，印刷过程中的减色混合仅是

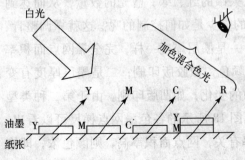

图 5－3　网点并列呈色示意图

指在彩色油墨叠印条件下对入射光所做的选择性吸收这一物理过程，即形成单色、二次色与三次色的过程，而进入人眼的色光永远是加色法的混合色光。

第二节　印刷品的色度计算

一、聂格伯尔方程

根据网点呈色原理，可以由印刷品某处各色油墨的网点面积率，推算出经叠印后产生的 8 种基本色光的比例，再根据格拉斯曼颜色混合定律，算出 8 种色光混合后的 X、Y、Z 三刺激值，这就是 20 世纪 30 年代聂格伯尔（Neugebauer）提出的聂格伯尔方程式（Neugebauer Equations）。下面以三色叠印实例来说明。

设白纸的面积为 1。假设第一次印青墨，青网点面积率为 c。经第一次印刷后，纸面上出现白与青两种颜色，它们所占的面积比为：

青　c

白　$1-c$

第二次如果印黄墨，黄网点面积率为 y。黄墨印在白纸上呈黄色，印在青网点上则呈绿色（因为青油墨吸收红光，黄油墨吸收蓝光，只有绿光不被吸收而最终反射进入人眼），这时白纸上共出现青、黄、绿、白 4 种颜色，它们所占的面积比为：

黄　$(1-c)y$

青　$c-cy=(1-y)c$

绿　cy

白　$(1-c)-(1-c)y=(1-c)(1-y)$

第三次印品红墨，网点面积率为 m，印在白纸上呈品红色，印在青网点上呈蓝色，印在黄网点上呈红色，若印在绿网点上则呈现黑色，加上原来的黄、绿、青、白色，纸面上总共出现 8 种颜色，它们所占的面积比为：

白　　$(1-c)(1-y)(1-m)$

青　　$(1-y)(1-m)c$

品红　$(1-c)(1-y)m$

黄　　$(1-c)(1-m)y$

红　　$(1-c)ym$

绿　　$(1-m)cy$

蓝　　$(1-y)cm$

黑　　cym

如果将这 8 种颜色制作成印刷色标或测试条，测量它们的三刺激值，根据格拉斯曼色光加色法定律，混合色的三刺激值等于各组成色的三刺激值之和，则这 8 种颜色光同时刺激视网膜产生的混合色的三刺激值为：

$$X = f_W X_W + f_C X_C + f_M X_M + f_Y X_Y + f_R X_R + f_G X_G + f_B X_B + f_{BK} X_{BK}$$

$$Y = f_W Y_W + f_C Y_C + f_M Y_M + f_Y Y_Y + f_R Y_R + f_G Y_G + f_B Y_B + f_{BK} Y_{BK} \qquad (5-1)$$

$$Z = f_W Z_W + f_C Z_C + f_M Z_M + f_Y Z_Y + f_R Z_R + f_G Z_G + f_B Z_B + f_{BK} Z_{BK}$$

这就是三色印刷的聂格伯尔方程式，式中各系数 f 见表 5-1。

表 5-1　印刷品上 8 种颜色的三刺激值与面积比

颜色	三刺激值	在单位面积上所占的比例 f
白（W）	X_W、Y_W、Z_W	$f_W = (1-c)(1-m)(1-y)$
青（C）	X_C、Y_C、Z_C	$f_C = (1-m)(1-y)c$
品红（M）	X_M、Y_M、Z_M	$f_M = (1-c)(1-y)m$
黄（Y）	X_Y、Y_Y、Z_Y	$f_Y = (1-c)(1-m)y$
红（R）	X_R、Y_R、Z_R	$f_R = (1-c)my$
绿（G）	X_G、Y_G、Z_G	$f_G = (1-m)cy$
蓝（B）	X_B、Y_B、Z_B	$f_B = (1-y)cm$
黑（BK）	X_{BK}、Y_{BK}、Z_{BK}	$f_{BK} = cmy$

通过聂格伯尔方程式可实现 XYZ 色空间与 CMY 色空间之间的转换：由原稿的颜色及油墨与纸张的色度特性，就可求解聂格伯尔方程式，计算出印刷品上所需青、品红、黄三色版的网点面积率 c、m、y；反之，如若已知青、品红、黄三色版的网点面积率 c、m、y，结合油墨与纸张的色度特性，就可以利用聂格伯尔方程式计算出最终印刷品的颜色。聂格伯尔方程式是 CIE 标准色度系统与印刷的油墨颜色体系之间的桥梁与纽带，是数字化印刷的基础。

二、黑版与灰平衡

1. 增加黑版的目的

从颜色理论上讲，三色印刷可以复制出其色域范围内的一切颜色，但实际上却往往达不到理想的效果。其原因是多方面的，如分色系统误差，油墨与纸张性能不理想，印刷时套印不准等，导致图像模糊，饱和度降低。尤其是三原色油墨光谱特性不理想，易使得青、品红、黄三色叠印产生的中性灰色出现色偏，使图像的暗调部分黑度不够，密度太低，往往使本应偏冷的暗调出现偏暖的情况。因此，实际印刷时都增加一个黑版，以补偿图像暗调的不足，增大图像的反差，在图像中起到骨架作用，还可一并解决文字的印刷问题。在四色印刷中，有四个可控制的变量：青、品红、黄、黑版的网点面积率 c、m、y 和 b。四色印刷的聂格伯尔方程导出与前面所讲的方法完全一样。在彩色 DTP 系统中由扫描仪的 RGB 色空间向印刷品 CMYK 色空间转换是由色彩管理程序计算完成的，在计算过程中将根据设备、印刷材料等各种条件对一些参数设定进行调整，以达到最佳的复制效果。

采用黑版的目的是用来替代青、品红、黄三色叠印非彩色成分，这种替代可以是完全替代，也可以是部分替代，在印刷工艺上分别称为非彩色结构和底色去除。采用不同的底色去除率的分色处理方法会得到很不相同的黑版，并根据四色印刷聂格伯尔方程式解出与之相配的青、品红、黄各色版的量，均可以保证印刷品的颜色不变，这是以格拉斯曼理论中的代替律为依据的。

2. 灰平衡

理想的三原色油墨等量相加或叠印，应当呈现出中性灰色。然而，实际的三原色油墨并不纯，多少带有色偏。所谓灰平衡，是指以适当的三原色油墨比例，印刷出从高光到暗调的不同深浅的灰色。当各网点比例都能达到灰平衡时就得到了一组三原色油墨的灰平衡曲线，如图 5-4 所示。图中横坐标为某原色油墨与其他两种原色油墨以适当比例印刷出中性灰色时的灰密度值，称为该原色油墨的等效中性灰密度（Equivalent Neutral Density，简称 END）。

当使用彩色油墨印刷非彩色时，要根据灰平衡原理，采用合适的三原色油墨比例，否则印刷出来的灰色就会带有彩色的成分。因为中性灰色只有明度变化，不具有色调和饱和度，所以只要中性灰色中稍稍带有彩色偏色，目视极易判断出来。这正是将灰平衡作为一种手段控制印刷品质量的原因，印刷测控条上包含有三色叠印的灰梯尺，灰平衡控制得好，整个彩色图像的色彩再现效果就会理想。

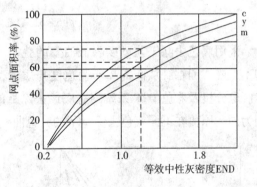

图 5-4　典型的灰平衡曲线

达到灰色平衡时三原色油墨的网点面积率可由聂格伯尔方程式解得。灰色只有明度差异，也就是说不同深浅的灰色它们的 Y 值不同，随反射率大小变化，而色品坐标 x、y 始终不变，等同于光源的色品坐标值。已知中性灰色三刺激值 X、Y、Z，代入三色印刷聂格伯尔方程式可解得印刷该中性灰色所需三原色油墨的网点面积率。计算灰平衡时一定要根据实际印刷条件，油墨、纸张等必须和印刷生产时使用的一致。这样印制出来的测试色标所测得 8 种颜色的三刺激值代入聂格伯尔方程，可保证按照解得的三原色油墨的网点面积率进行叠印能够获得中性灰色。

3. 底色去除（UCR）与灰成分替代（GCR）

彩色图像中含有彩色与非彩色成分。另外，在由黄、品红、青三色叠印时，如果满足灰平衡条件就会形成非彩色，否则便会呈现饱和度低的彩色，而这种彩色中也必定包含了非彩色成分。油墨的一次色、二次色都是鲜明的颜色，不含有非彩色成分，如图 5-5 所示。三次色可以认为它是由灰色和相同色调的彩色混合而成。在三次色中，比例较高的两种原色决定叠印后色彩的色调，而含量最少的一种原色所起的作用是与一定量的其他两种原色混合产生非彩色成分从而降低了颜色的饱和度和明度，对色调无贡献。

以黑油墨在图像的暗调部分代替一部分由彩色油墨叠印的非彩色的印刷工艺，称为底色去除（Under Color Removal，简称 UCR）。底色去除一般在 50% 以上网点范围内才进行，也就是说，只有在中间调和暗调部分才出现黑版，这样的黑版设置为短调黑版。

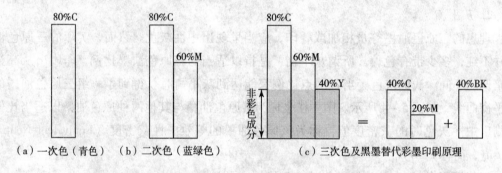

（a）一次色（青色）　（b）二次色（蓝绿色）　　　（c）三次色及黑墨替代彩墨印刷原理

图 5-5　彩色与非彩色成分

采用底色去除工艺可以降低油墨的叠印率，使油墨干燥速度加快，避免高速印刷时印不上或背面粘脏从而提高印刷速度与质量，另外用黑墨替代彩墨可节省油墨、降低成本。电分机及彩色 DTP 系统均有底色去除量的设置。图 5-6、图 5-7、图 5-8 所示分别为同一原稿在不同底色去除量下的分色曲线。

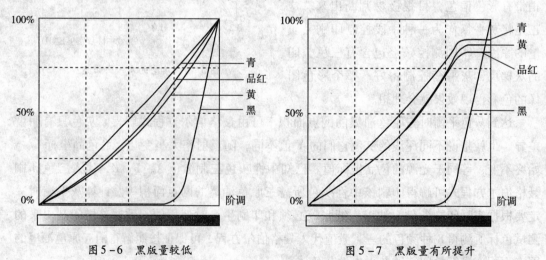

图 5-6　黑版量较低　　　　　　　　　图 5-7　黑版量有所提升

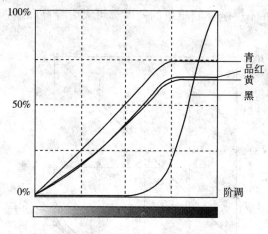

图 5-8　较高黑版量的底色去除

灰色成分替代（Gray Component Replacement，简称 GCR）与底色去除相类似，都是用黑色油墨来替代一部分彩色油墨叠印形成的灰色，所不同的是灰色成分替代不仅仅是替代暗调部分的灰色，而是要替代从高光到暗调整个阶调范围内的的灰色成分，因此灰色成分替代时的黑版阶调比底色去除时的黑版阶调拉长，称为长调黑版。灰色成分的替代量也是可以设定的，图 5-9、图 5-10、图 5-11 所示为与前面采用底色去除法同一原稿的 GCR 分色曲线。

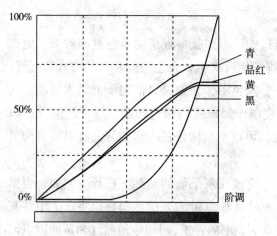

图 5-9　轻度 GCR

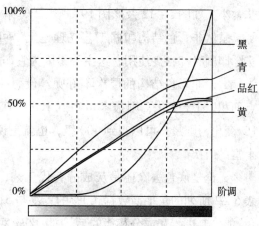

图 5-10　中度 GCR

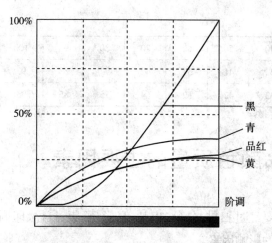

图 5-11　最大 GCR

选择不同的 GCR 量后，分色曲线随之变化，灰色成分替代量越多，黑版曲线越升高，彩色曲线越降低，彩色油墨用量就越少；反之黑版越少，彩色油墨的曲线越高，替代量越少。灰色成分替代比底色去除进一步增强了黑版的作用，使黑版从辅助地位升为主版，不仅起着控制整个画面全阶调层次的作用，还直接影响颜色的变化，因为在原稿的各种颜色中复色（三次色）占多数，GCR 对颜色的稳定作用范围更大。采用 GCR 工艺后，印刷适性良好的暗调部位油墨叠印率被控制在270%以下，在不影响复制质量的同时，可大大提高印刷速度，降低印刷成本，经济效益显著。

当选择了灰色成分替代的最大量时，即黑色油墨完全替代了彩色油墨叠印而成的灰色，这种印刷工艺称为"非彩色结构"（Achromatic Color Construction，简称ACC），也有人将它形象地称为"二色加黑"工艺，指由非彩色结构工艺印刷的图像上任何一个颜色都是由一或两种彩色油墨或者是由一或两种彩色油墨加黑油墨印刷而成，没有三色彩墨的叠色。这时彩色油墨的分色曲线变得非常低，即彩色墨量非常小，如图5－12及彩图19、彩图20所

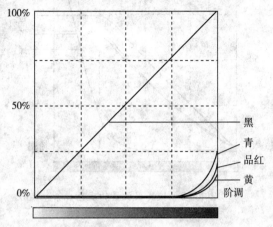

图5－12　非彩色结构的分色曲线

示。虽然非彩色结构印刷工艺在理论上是可行的，应该获得理想的颜色复制效果，但在实际印刷时却很少使用，这主要是因为它印刷图像层次不如底色去除和灰色成分替代好。为什么说非彩色结构的层次不好呢？设想一个灰色图像，如果只使用单色黑来复制，网点面积以1%变化，则最多可得到100个灰度级。如果使用四色印刷，每一色油墨都以1%变化，则最多可以得到400级，也就是说，可以把灰度级进一步细分，所以能得到更丰富的层次。

无论是底色去除还是灰成分替代工艺，都应该在灰平衡的基础上进行。例如，根据表5－2所列的灰平衡数据，60%的青墨与51%的品红墨和52%的黄墨叠印将产生中性灰色，如果要进行灰成分替代的话，去除60%网点面积率的青墨，则相应地品红和黄的网点面积率也要减少56%和58%，这样才能保证灰成分由黑墨替代后印刷品颜色保持不变。

表5－2　某种印刷条件下灰平衡参考数据　　　　　　　　　　　　　　　　　　　　%

青 C	3	10	20	30	40	50	60	70	80	90	100
品红 M	2	6	13	23	32	41	51	62	73	83	93
黄 Y	2	7	14	24	33	42	52	64	75	85	95

第三节　影响印刷品颜色质量的主要因素

在印刷的整个过程中，从原稿到印刷品要经过扫描、分色、出片、显影、晒版、打样、印刷等多个环节，每一个环节都有造成颜色误差的影响因素。

一、原稿

彩色印刷从本质上看是原稿的复制过程,是将原稿上的颜色信息传递到承印物上的过程。原稿的质量是印刷品质量的决定性因素。评价原稿的质量主要从色彩平衡及反差两个方面进行。好的原稿应当是不偏色、反差适中,层次丰富。

1. 原稿的色彩平衡

原稿本身带有色偏是普遍存在的问题,对于原稿色偏的判断可从中性灰色及记忆色两个方面进行观察。

(1)中性灰偏色。人眼对图像中的灰色产生的色偏非常敏感,因为中性灰色只有明度变化,略带色偏就很容易察觉。由于灰色周围的颜色也会影响人眼对它的感觉与判断,因此在目视评价的同时,还应借助色度计或密度计检查灰平衡数据。

当检测一幅图像中的灰色(如白衬衫的衣领)是否偏色时,若采用 $L^*a^*b^*$ 颜色模式,则明度值 L^* 不等于零,而色度值 a^* 和 b^* 应等于零或接近于零。若是用 RGB 颜色模式,则灰色处的 RGB 三个分量测量值应当相等。如果采用 CMYK 颜色模式表示,则 CMY 三个分量值(网点面积率)不相等,其比例关系与印刷时选用的油墨和纸张,以及印刷压力等印刷条件有关,这就要对照不同油墨和纸张的灰平衡数据表,确定是否达到灰平衡。如果中性灰偏色,则原稿整体一致偏色。

如果在图像中没有灰色调的话,就要找图像中人们最熟悉的记忆色来判断偏色与否。

(2)记忆色偏差。人们对一些颜色的记忆很深,如不同人种,不同年龄、不同性别人的肤色;大自然中天空的蓝色、草地的绿色、沙漠的黄色以及各种食物如水果、蔬菜、肉类的颜色等。这些颜色一旦出现了偏差,人眼立刻就能将它识别出来。对于记忆色的色值,一是通过实践的积累,二是使用测色工具测量,三是将色谱上色块的数值作为参考。

对一些记忆色应记住们的数值关系,例如,天蓝色的 CMYK 比例关系大致为 $C = 60\%$, $M = 23\%$, $Y = 0$, $K = 0$,若天空蓝色中的黄版量增加,则天空就不是晴朗的蓝色,而是灰蒙蒙的。中国人的肤色比例关系大致为: $C = 18\%$, $M = 45\%$, $Y = 50\%$, $K = 0$,品红和黄的比例可视年龄和性别的不同作适当的调整,如小女孩则品红比黄多一些,青可以少一些。

为了便于考察色偏,通常在原稿下面放置一灰梯尺,在印刷时可观察灰梯尺上中性灰的还原情况,以便准确地判断偏色。

(3)色偏的校正。去除偏色通常采用两种方法。一是色彩平衡法,它是通过使用曲线调整,如在 Photoshop 中调整 RGB 或 CMYK 曲线的比例关系;二是色彩校正法,其中有主色校正和专色校正。

尽管用数字化的方法可以很大程度上修改原稿的信息甚至增加出原稿没有的内容,但是为了整体复制效果,带有严重色偏等缺陷的原稿还是不要采用。

有时候感觉到的色偏,也许是人们希望的,具有个性化的,营造出一种气氛并可增强视觉效果的偏色,不要去校正它。例如,为了突出宫殿富丽堂皇的效果,拍摄时加黄滤色镜,图像色调偏黄。日出前拍摄的景物,会出现偏暖的黄红色。因此不要盲目地去除你感觉到的每一种色偏,要考虑每一幅原稿的主题及用途,若某一个色偏有助于你传递某种信息,如日出或日落的信息,请保留它。

2. 原稿的反差

反差是指图像中最暗点和最亮点的密度值之差,即一幅图像中密度变化的最大范围。

彩色透射原稿的密度范围在 0.1~3.0D 之间,反差有时能达 3.0D 以上。这类原稿颜色鲜艳、层次丰富,反差比印刷品要大得多,印刷品所能再现的反差为 2.0D 左右。因此,在分色时要对原稿的密度进行压缩,这会损失暗调的细微层次。另外,如果扫描仪能识别的密度范围(也称动态范围)小于原稿的密度范围,那么扫描后图像的细节和颜色饱和度将有所损失。反射原稿通常密度适中,密度范围一般在 0.2~2.0D 之间,与大多数扫描仪的动态范围及印刷品的密度范围基本相同。

按照原稿的密度范围大小及阶调分布情况,可以把原稿分为以下三类。

(1)闷厚原稿。这类原稿多是由于摄影时光线昏暗、曝光不足造成的。画面以暗、中调为主,占据画面的面积 60%~80%,缺少高光,密度偏高,暗调产生部分并级。阶调分布与所占面积的关系如图 5-13 所示。最小密度为 0.4~0.6D 左右,密度反差在 2.5~2.8D 范围。此类原稿在复制时要通过调整暗调层次曲线,拉开暗调层次。提亮高光,增加画面中的亮调部分,加大图像反差。适当降低色浓度,强调主色,降低补色。阶调复制曲线形状如图 5-14 所示。

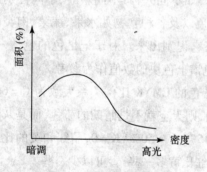

图 5-13 闷厚原稿的阶调分布曲线

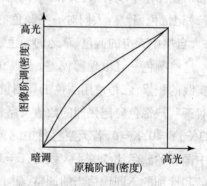

图 5-14 闷厚原稿的阶调复制曲线

(2)淡薄原稿。这类原稿摄影是日光过量或拍摄环境阳光充沛的雪山、荒漠、湖泊、海洋等画面。淡薄原稿画面暗调少,密度偏低,最低密度为 0.1~0.2D,反差小,在 1.4~1.8D 范围,色彩浅淡,像素多集中分布在高、中调,高光调层次差,阶调分布曲线如图5-15所示。

此类原稿在复制时可采用调整层次曲线的方法适当加大高、中调反差,提高明暗对比度。为达到此目的,应向下弯曲复制曲线或采用"S"形复制曲线。如图 5-16 所示,高光定标点选在原稿中密度值较低的点,暗调定标点的密度值也要适当减小,增强高中调色彩饱和度,使高中调层次丰满,加强透视效果。

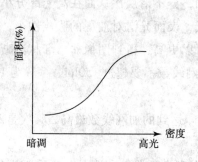

图 5 – 15 淡薄原稿的阶调分布曲线

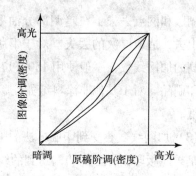

图 5 – 16 淡薄原稿的阶调复制曲线

（3）反差正常原稿。这类原稿曝光正常。低密度为 0.2 ~ 0.3D，高密度为 2.1 ~ 2.9D，反差在 1.9 ~ 2.4D 范围之间。画面层次丰富，有高、中、低调，颜色鲜艳，清晰度好。此类原稿在复制时应以忠实原稿为主，复制曲线在中间调提亮 5% ~ 8% 如图 5 – 17 所示，这样可使层次更加丰富，增强明暗对比。高光和暗调选择正常的明暗点定标。

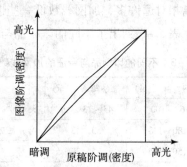

图 5 – 17 反差正常原稿的阶调复制曲线

总之，不论原稿的质量怎样，复制工作者必须明确原稿的特点及复制重点，使复制品达到色彩鲜艳，层次丰富，质感好，记忆色准确等效果。

二、网点

印刷品是借助网点的作用，将原稿图像的色彩及层次正确地反映到印刷品上的，因此印刷品的加网就是影响产品质量的一个关键因素。传统照相制版使用的是玻璃网屏或接触网屏，网点大小根据曝光量决定，网点中心密度大，边缘密度小。而电子分色机和彩色桌面出版系统采用电子加网，网点边缘是硬边缘，没有密度过渡或过渡很快。

目前广泛使用的加网方法又称为调幅加网，特点是网点的排列有规律，颜色的浓淡靠网点的大小变化来实现，它具有加网线数、网点形状、加网角度三个要素。

1. 加网线数

（1）加网线数的多少是衡量印刷品质量的重要因素之一。加网线数越高，网点就越小，印刷品就越细腻清晰。加网线数用每英寸的线数 lpi 或每厘米的线数 lpc 来表示。并不是加网线数越高图像质量肯定就越好，它要受很多因素的制约。首先，加网线数过高，网点太小，对印刷条件的要求也相应非常苛刻，各道工序的要求都很高，因此，目前加网线数普遍都不超过 200 lpi。

（2）纸张的质量对加网线数的选择有很大影响。如新闻纸等表面粗糙的纸，对油墨的吸收量大，网点增大严重。网点线数越高，在纸上形成的网点越小，反而会影响质量，造成糊版和网点丢失：在暗调部分油墨糊成了一团，分不清层次；而在高光部分小网点印不上去，造成层次的丢失。对于铜版纸等涂料纸，表面光滑对油墨的吸收性小，可以用较高的加网线数，一般使用 150～175lpi，甚至可以更高，得到图像非常细腻清晰的高质量印刷品。对于其他非涂料纸如胶版纸，最高加网线数不要超过 150lpi，一般为 133lpi 或更低。

（3）加网线数要受到印刷方法的限制。通常胶印达到的加网线数最高，其次是凹印，再次是柔性版印刷，丝网印刷达到的线数最低。

（4）加网线数还取决于印刷品的观看距离。书刊、画册等印刷品，观看距离很近，加网线数就必须高，不能让眼睛看出有网点。而对于大型招贴画，户外广告画等，观看距离相对远许多，加网线数低一些也可满足视觉要求。

表 5-3 列出了不同的印刷品与合适的加网线数。

表 5-3　不同的印刷品与合适的加网线数

加网线数（lpi）	观察距离（cm）	适用印刷品
60～100	43～73 以上	大型招贴画、户外广告画、电影海报等视距较远或用新闻纸胶版纸印刷的产品
100～133	33～43	对开挂历、宣传画、教学挂图等视距较远，用胶版纸印刷的产品
150～175	25～29	书刊、画册、明信片、封面、月历等视距较近，用铜版纸、画报纸印刷的产品
175～200	21～25	精致插图、精美画册、古画复制等视距较近，用高级铜版纸印刷的产品

2. 网点形状

网点的形状是指单个网点的几何形状，由于不同形状的网点在复制过程中有不同的变化规律，主要是网点增大规律在各阶调不尽相同，所以对印刷品最终的视觉效果以及印刷适性都有一定的影响。

最常用的网点形状有方形网点、圆形网点、椭圆形式菱形网点。另外，还有一些特殊网点如线条网点，十字线网点、同心圆网点(纹)、墙砖形网点(纹)可以产生某些特殊的视觉效果，例如使垂直景物有高大感，江河形成水涡状，建筑物更富质感等。常见网点的点形放大图如图 5-18 所示。

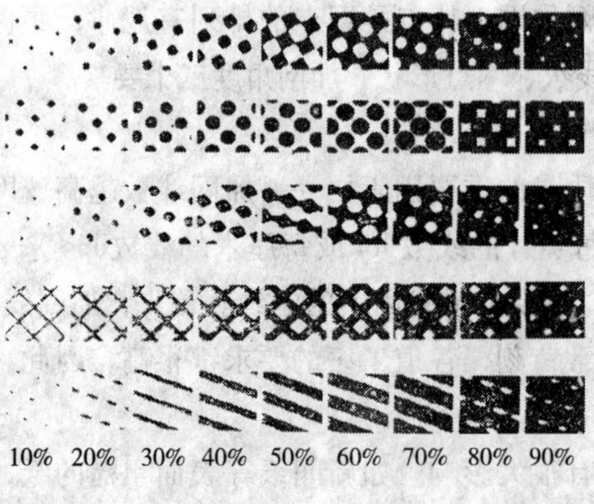

方形网点
圆形网点
菱形网点
凹形网点
线条网点

10% 20% 30% 40% 50% 60% 70% 80% 90%

图 5-18　常见网点的点形放大图

（1）方形网点。方形网点是最传统的点形。从图 5-18 所示的各种形状网点的梯尺中可以看出网点大小随网点面积率变化的情况。20% 网点与 80% 网点是对称的，20% 的黑点就是 80% 的白点，依此类推。方形网点最容易根据其网点间距判断网点面积率。

① 两个方形网点之间能容纳三个同样大小网点时为 10% 网点。

② 相邻两个网点之间能容纳1.5个同等大小网点时为30%网点。

③ 相邻网点之间能容纳1.25个同等大小网点时为40%网点。

④ 相邻网点相接，黑白点子大小相等时是50%网点。

⑤ 60%、70%和90%的白点与③～①中的黑网点相同。

熟悉了上述规律，通过放大镜从网点的间距可以很快地判断出网点面积率。

方形网点在50%处呈正方形，网点边长最大。在印刷过程中当油墨网点受压后将向四周扩散，扩散的宽度无论网点面积的多少基本上是一样的，扩散的结果使印刷品上的网点较之印版上的网点全部增大，这种现象称为网点增大，无论采用何种网点、何种方法印刷，网点增大都是不可避免的，只是增大值不同而已。网点增大的面积与网点边长有关，网点的边长越长，网点增大量就越大。方形网点在50%处网点增大量最大，容易造成层次的丢失，使中间不柔和，通常对再现人物面部、天空深浅过渡等很难满足视觉要求，效果不理想。图5-19为网点增大示意图，图5-20所示为方形网点增大曲线。

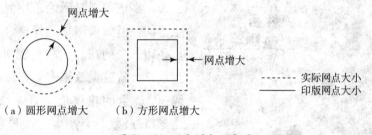

（a）圆形网点增大　　　（b）方形网点增大

图5-19　网点增大示意图

（2）圆形网点。圆形网点从高调到暗调全是圆形。网点在75%左右时具有最大边长，相邻网点边缘相接，所以在75%左右具有最大网点增大量。因此，圆形网点可以避免高、中调层次的损失，使高、中调再现很好，但70%以后的暗调层次并级严重，阶调损失大。图5-21所示为圆形网点增大曲线。

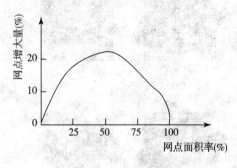

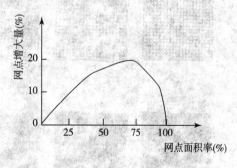

图5-20　方形网点增大曲线　　　　　图5-21　圆形网点增大曲线

（3）菱形网点。菱形网点与方形网点不同，它的对角线是不相等的，因此网点边角相接也不在50%网点处。当长轴边角相接时，网点面积率约在35%处，此时短轴之间距离相差很远；当短轴边角相接时，网点面积率约在65%处，而此时长轴早已相接了。所以，菱形网点正好解决了上述两种形状网点的不足。它在表现图像的阶调层次时，不会产生如方形网点在50%，圆形网点在75%面积率时的跳级较大现象，它的两次跳级幅度较小，不会使局部硬化。因此，菱形网点反映阶调变化非常顺畅柔和，层次丰富满足视觉要求，已成为主流网点形状。

由于菱形网点在画面中大部分的中间调层次都是长轴相接，形状像一根根链条，因此又常被称为链形网点。

3．加网角度

在单色加网时，由于加网的网点是有规则的，因此采用任何角度的加网都没有关系，对画面的色彩与层次再现都没有影响。但从视觉角度来看，45°的加网角度最美观、舒服、活泼不呆板，0°或90°的视觉效果最差、太呆板，而15°或75°视觉效果居中。不同的加网角度如图5-22所示。

如果是多色印刷，两种或两种以上不同角度的网点套印在一起时就会产生干涉现象，

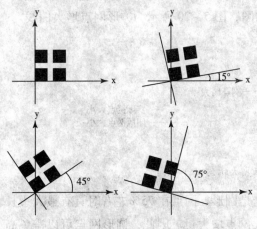

图5-22 不同的加网角度

形成有规律的干涉图纹，俗称龟纹。从理论上说，多色印刷时无论采用何种网角都会产生龟纹，但如果网角选择得合适，各色版网点叠印出来的花纹比较美现，就认为没有产生龟纹。就视觉效果来看，每种色版之间相隔30°产生的花纹最美观、细腻，40°时次之，15°最差，会产生方块形状的不美观图案。但在90°的范围内以30°角度差只能安排三个颜色，还有一种颜色只好用15°角度差。图5-23所示为不同加网角度差示意图。

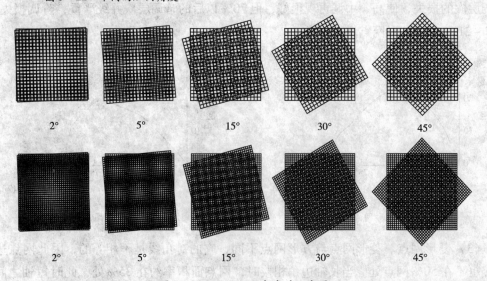

图5-23 不同加网角度差示意图

由于黄颜色透明性最好，颜色最浅最接近白色，人眼最不易察觉，因此把黄色版常

安排为15°角度差，黄版的加网角度往往是0°或90°。其余的三个色版的加网角度为15°、45°和75°，它们之间的角度差都为30°。至于45°最佳加网角度安排哪个色版就要视印刷品画面的内容与主题来确定了。例如，以人物为主的暖色调原稿，要突出肌肤的健康与美感，品红版往往占据45°最佳角度。青版和黑版分别为15°和75°角度。以冷色调为主的风光原稿中，为突出青山的苍翠、海水的湛蓝等主要内容，往往将青版安排在45°最佳角度，品红和黑版分别为15°和75°角度。在复制国画或采用非彩色结构工艺复制的原稿中，黑版起着关键的作用，因此需将黑版安排为45°，黄版0°，品红版15°，青版75°。

三、纸张

纸张是大多数印刷品的承印物，印刷品的颜色实际上是油墨与纸张综合作用的结果。因此，纸张的性能也将影响印刷品的质量。

1. 纸张的白度

纸张的白度是指纸张对可见光的反射程度，用百分率表示。如果纸张几乎反射可见光波长范围的所有色光，那么它的颜色就接近纯白，白度很高。白度高的纸可以将油墨选择性吸收后所剩余的那部分色光全部反射回去，实现印刷品的色彩再现，使油墨的颜色特性得以充分发挥。

由于纸浆原料等原因，纸张可能白度不高，发灰，也有的纸张还会偏黄，加入了荧光增白剂的纸往往会有些偏蓝。纸张白度低，吸收强，会使印刷品颜色暗淡，明度、饱和度均降低。纸张偏色，就不可能均匀地反射各种波长的光，同样会给印刷品带来偏色。

因为颜色的明度对比，纸张的白度将影响画面层次感。从颜色视觉角度来看，纸越白，墨越深，清晰度越好，层次越突出；相反，纸越灰，印刷品颜色暗淡，对比度差，画面无精神。

2. 纸张的平滑度、光泽度与吸收性

纸张的平滑度是指纸张表面平整、均匀、光滑的程度。

纸张的光泽度是指纸张表面镜面反射的程度，可以用百分率来表示。光泽度高，镜面反射占优势，漫反射数量少。

纸张的吸收性是指纸张对油墨中连结料及其溶剂的吸收程度。

铜版纸的表面涂有一层涂料，并经超级压光，表面平滑度非常高。当油墨印到纸上时，涂料层中的毛细孔吸收均匀，即使墨量很少，也能保证高的转移率，且油墨转移率在墨量改变时也基本保持稳定，并能很快地形成均匀、干燥的墨膜，印刷品表面光泽性非常好，颜色鲜明，层次丰富。纸张平滑度高，镜面反射强，光泽度好，当光线穿过墨层照射到纸面上时，多数光线将以镜面反射方式重新穿出墨层，进入观察者眼中，这部分光线才能体现油墨的呈色特性。

胶版纸或其他非涂料纸表面孔隙很大，凹凸不平，平滑度较差，光泽度低。在印版墨量较少时，纸张不能与印墨充分接触，转移率较低，会发生网点丢失，印版墨量高时，转移率又相当高，吸收过分，干燥慢，印刷品表面光泽性差，颜色明度、饱和度降低，层次再现较差，不能满足精细印刷的要求。吸收性过强，会造成油墨中连结料大部分被纸张吸收，颜料颗粒得不到足够的保护，结果墨迹不牢产生起粉、透印、印迹干瘪，颜色暗淡无光。为了弥补上述缺陷，只得片面加大墨量，虽然可使墨色有所增加，但又会带来网点增大严重而且变形，致使印刷品，特别是暗调部分层次大量损失，以及一系列质量缺陷。

综上所述，纸张性能的好坏最终影响印刷品的颜色质量。实际生产中要根据印刷品质量要求及经济指标选择承印纸张种类。而且在制版打样时最好选用与印刷时同一批号纸张，以保持一致性。

四、油墨

印刷品的色彩是由油墨产生的，油墨的质量是印刷品色彩再现质量的关键决定因素。

1. 油墨的颜色质量

理想的三原色油墨应当各自吸收可见光波段范围内 1/3 波段的光谱成分，透射 2/3 波段的光谱成分。通过调整三种油墨的比例，达到控制进入人眼的红、绿、蓝色光组成，再现原稿色彩的目的。

实际油墨的光谱特性曲线与理想情况是有出入的。如图 5-24 所示，每一种油墨都带有一定的色偏，同时，应该透射的部分透射不完全，应当完全吸收的波段却有一定的透射，从而降低了油墨的饱和度，使之带有灰色成分。这就是印刷品色域范围小于多数原稿范围的原因。

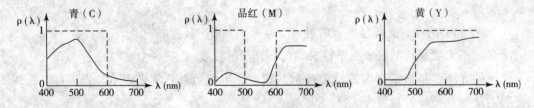

图 5-24 三原色油墨的光谱特性曲线

油墨的颜色质量除了可以用图 5-24 中显示的光谱特性曲线一目了然地显现外，目前国内外还普遍采用美国印刷技术基金会（GATF）推荐的四个参数来评价油墨颜色质量，即色强度、色灰、色偏和色效率。这四个参数的测量与计算参看第四章彩色密度计部分。

2. 油墨的其他性能

油墨的主要成分是颜料，它决定了油墨的光谱特性。其次是连结料，它是颜料粒子的载体，具有一定的流动性及透明度并能固着于承印物表面进而形成一层墨膜的液体物质。除了颜料与连结料以外，油墨中还含有一些能调整油墨的印刷适性，调整干燥速度等以达到更佳印刷效果的辅助材料。油墨影响复制品颜色质量的性能除颜色质量外，还有以下几个方面。

（1）油墨的透明度。三原色油墨应当具有良好的透明度。否则上层油墨将遮盖下层油墨，即入射光线无法进入下层墨层，由下层油墨进行选择性吸收，颜色的减法混合也就无从谈起，彩色复制达不到应有的效果。

一般无机颜料的透明度差，遮盖力强，而有机染料的透明度好；油性材料连结料透明度差，而高分子树脂连结料透明度高。

透明度差的油墨往往先印，避免对其他油墨产生遮盖。有时需要油墨有一定的遮盖力，比如当纸张白度差时，可采用不透明的黄墨作底色；商标、广告、图纹底色，作衬底用的油墨等。

（2）油墨的颗粒度。油墨的颗粒度又称细度，是指油墨中颜料颗粒的粗细程度。颜料颗粒越细，在连结料中的分散程度越高，油墨的细度越高。

油墨颜料的颗粒粗即油墨细度高对网点印刷非常不利。会造成网点边缘发毛、网点变形、网点增大等弊端，使得图像模糊、层次丢失，严重影响复制质量。油墨细度低，网点饱满有力，而且可以提高油墨的着色力，对彩色图像印刷非常有利。从经济的角度考虑，加网线数越高，所选择油墨的细度应越小，加网线数低，油墨的细度大些也无妨。

（3）油墨的着色力。油墨的着色力也称油墨的色浓度。油墨的着色力主要由颜料在连结料中的含量及分散度决定。颜料在连结料中的含量高、分散度大，油墨的着色力就强，反之则弱。

油墨的着色力强相对来说墨量就可降低，墨层厚度也可薄一些，这对平版胶印非常有利。因为胶印属间接印刷，墨层不可能有凸印或凹印产品那样厚实，因此要求油墨必须有较好的着色力，否则将使印刷品色域进一步缩小，不能满足色彩再现的要求。

（4）油墨的稳定性。印刷油墨在印刷过程中及印刷使用期内会处在各种不同的环境中，会受到水、酸、碱、醇、光、热等物质条件的侵蚀，其保持颜色基本不变的性能为油墨的稳定性。油墨的稳定性可分为化学稳定性和耐光性两个方面。

油墨在水、酸、碱、醇、高温条件下保持颜色不变的性能称为油墨的化学稳定性。例如胶印润版液是偏酸性的，这就要求油墨具有耐酸性及抗水性，否则可能出现色彩改变，黏度降低，水化等现象，影响印刷品的色彩，采用乙醇润版液时，油墨要有耐醇性。铁皮印刷需要烘干，上光和覆膜同样需在高温下进行，油墨要有耐热性。印刷品在作某些含碱商品的包装时，油墨需要有耐碱性。

油墨还应具有耐光性。实际上在长时间的光照下，尤其是紫外线的照射下，油墨的颜色都会产生一定改变。一般来说，有机染料比无机颜料更容易退色，前者会逐渐变浅，后者将逐渐变暗。油墨的耐光性分为五级，一级为变色严重，五级则是耐光性很好。印刷地图、商标、色样、出口商品包装、教学挂图、户外广告等时，尽量选择耐光性好的油墨，使色彩持久艳丽、真实。

第四节　色彩管理基础

　　归根到底，彩色印刷属于颜色复制范畴，简单地说就是要精确复制出原稿的颜色。然而从前面的论述中应当已经看出，原稿的颜色要经过扫描、分色、出片、制版、打样、上机印刷种种工序，在不同设备、材料、表色方式之间传递，各个环节的变数都很多，色彩管理系统的作用贯穿在整个印刷过程的始终，起到最大限度地保证颜色在不同设备间传递的一致性的作用。

一、色彩管理的必要性

1. 与设备相关色空间

　　不同设备描述颜色或再现颜色的特性不同，这种特性决定了它所能再现或复制的颜色范围，基于设备特性的颜色空间称为与设备相关色空间。例如，不同厂家生产的扫描仪，由于采用了不同光谱透过率的红、绿、蓝三色滤色片，不同光谱灵敏度的光电探测元件，使得扫描同一幅原稿所获得的 RGB 值各不相同；不同的显示器，由于荧光粉的发光效率及色品不同，同样的一组 RGB 数据所呈现出的颜色不同；同样一幅图在色域范围较大的彩色打印机输出时颜色令人满意，而印刷出来时则颜色灰暗，尽管它们都是 C、M、Y、K 四色减法混合且四色比例相同。同样的 CMYK 比例，由于所采用油墨和纸张性能不同，印刷设备不同，工艺参数不同印刷出来的颜色也会不同。

　　在印前和印刷过程中不同的阶段所看到的颜色很难一致，因为不同的颜色空间都与设备相关，如扫描仪的 RGB 色空间，显示器的 RGB 色空间，打样机的 CMYK 色空间，印刷机的 CMYK 色空间等，颜色在这些设备间的转换就好似一群人各自讲着自家的"方言"，互相听不懂，必须经过一对一的翻译。图 5-25 所示为颜色在与设备相关色空间中的转换。

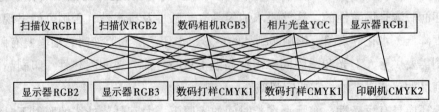

图 5-25　颜色在与设备相关色空间中转换

2. 与设备无关色空间

　　在第三章中介绍过的 CIE 标准色度系统是建立在人眼颜色视觉基础上，以加法混色的方法，用三原色的数量或比例来表示颜色的系统，无论是 CIE XYZ 系统，还是 CIE L* a*b*系统和 CIE L*u*v*系统，都与任何设备无关，即无论在何种设备上，具有相同 CIE 色度值的颜色，它们的颜色外貌也是相同的。我们可以利用标准色度系统作为印刷复制过程中颜色在不同设备色空间传递转换的参照系，以保持颜色的一致性，如图 5－26 所示。这就好像是将 CIE L*a*b*比做"普通话"，不同设备之间的交流都用它就简单明了多了。

色彩管理的主要任务就是解决图像在各种设备色空间之间的转换问题，保证图像的色彩在整个复制过程中的失真最小。随着数字式、开放式印前系统的全面普及，输入、处理、输出软硬件不断多样化，设计、制作、输出工作向社会化方向发展，色彩管理已经成为整个印刷过程质量控制的关键问题。

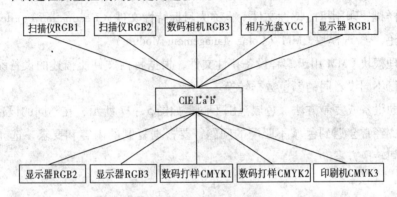

图 5－26　利用与设备无关色空间进行颜色转换

二、色彩管理系统的组成

为了适应开放式印刷系统及电子出版、网络出版的需要，1993 年，由 Apple、Kodak、Microsoft、Adobe、Agfa、Taligent 等在电子成像等方面处领导地位的公司发起成立了国际色彩联盟（International Color Consortium，ICC），后来又不断有许多著名公司加入该联盟。ICC 致力于建立贯穿整个复制过程的、以标准的方式传递和处理色彩信息的色彩管理体系。

ICC 色彩管理系统（Color Management System，CMS）主要由三个部分组成。

1. 一个与设备无关的色空间

也称为参考空间。ICC 定义的参考色空间称为描述文件连接空间 PCS（Profile Connection Space）。

ICC 选择 CIE L*a*b*或 CIE XYZ 作为色彩管理的与设备无关色空间。由于 CIE 系统具有完善的理论体系与实验基础，可用于颜色的定量描述与测量、计算、比较评价，并且拥有最大的色域空间，任何设备呈现的颜色都可以转换到其中，因此，是在不同设备之间传递颜色信息最理想的"语言"。

2. 用于描述设备颜色特性的特性文件（Profile 文件）

特性文件描述设备的颜色特征以及色域范围。所有输入、输出设备都必须要有自己的特性文件。这些特性文件可能来自该设备的生产厂商，也可能来自其他软件商，如果没有现成的特性文件，就需要使用者自己或雇佣咨询机构采用符合 ICC 要求的色标、测色仪器、特性文件生成软件按规定的步骤去建立。有些设备只需要一个特性文件，如显示器、扫描仪；另一些设备，如打印机、打样机、印刷机，就需要多个特性文件来分别描述各种纸张、油墨、工艺参数等组合的颜色特征和色域范围。可通过 Photoshop 中纸张、油墨、印刷机等的设定，确定实际采用的特性文件。

特性文件分为三类：第一类是输入设备，如扫描仪、数字相机的特性文件，又称为源特性文件（Source Profiles）。第二类是显示设备特性文件。第三类是输出设备，如各种打印机、打样机、印刷机的特性文件，也称为目标特性文件（Destination Profiles）。

3. 一个色彩管理模块 CMM（Color Management Module）

色彩管理模块 CMM 用于解释设备特性文件，根据特性文件所描述的设备颜色特征和色域范围进行不同设备间的颜色数据转换。

由于不同设备或复制方法、色域范围不同，如图 5-27 所示，在不同的设备之间进行颜色转换时，经常会遇到色域不匹配的问题，要根据复制的内容和要求，选择不同的方案，即色空间转换方案。

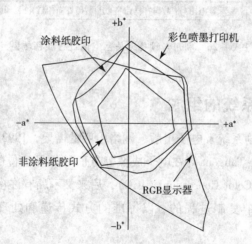

图 5-27 不同设备或复制方法色域

（1）感觉法。按明度、色调、饱和度在大、小两个色域空间等比例压缩，将原设备的色空间完全压缩到目的设备色空间。这种方案会改变图像上所有的颜色，但颜色之间的视觉关系保持不变。它适用于摄影类原稿的复制，因此又称照片法。

（2）饱和度优先。这种方案主要是保持图像色彩的相对饱和度。溢出色域的颜色被转换为具有相同色调但刚好落入色域之内即饱和度最大的颜色。它适用于那些颜色之间视觉关系不太重要，希望以明亮、鲜艳色彩来表现内容的图像的复制，如商业广告。

（3）相对色度匹配。使用色域内最接近的颜色进行替换，而在色空间转换前已经处于目标色空间的颜色则不作改变。这种复制方案可能会引起原图像上两种不同的颜色在经转换之后得到的图像上颜色相同。这就是所谓颜色"裁剪"，这种方案适合两种设备色域相差不大时采用。

（4）绝对色度匹配。这种方案在转换颜色时，精确地匹配色度值，超出输出设备色域的颜色完全被丢掉。在复制某些标志色时，例如富士公司商标中的绿色或可口可乐公司商标中的红色，这种方案是可取的，但一般情况建议不采用此方案。

三、如何进行色彩管理

色彩管理的基本模式是这样的，色彩管理模块 CMM 根据输入设备（例如扫描仪）的颜色特性文件将扫描原稿图像的 RGB 数据转换为 CIE $L^*a^*b^*$ 或 CIE XYZ 数据，然后再根据显示器的特性文件将扫描仪 RGB 数据转换为显示器 RGB 数据，经过图像处理后的数据可由 CMM 再转换为 CIE $L^*a^*b^*$ 或 CIE XYZ 数据，然后再根据某种输出设备（例如印刷机）的颜色特性文件，将数据转换为印刷机的 CMYK，根据转换结果印刷出来的印刷品应与原稿有着良好的颜色一致性。

复习思考题五

1. 什么是彩色印刷中的颜色分解与颜色合成？
2. 网点呈色有哪两种形式？为何说彩色印刷的呈色方式既有加色混色又有减色混色？
3. 为什么在 x－y 色品图中，彩色印刷的色域是六边形而彩色显示器的色域为三角形？
4. 印刷品观察距离与加网线数之间的关系是怎样的？为什么？
5. 已知纸张和一、二、三次色的三刺激值 X_w, Y_w, Z_w; X_m, Y_m, Z_m; ……，即八种聂格伯尔基色已知。列出 20％青墨、30％品红墨和 50％黄墨叠印在白纸上的三刺激值表示式。
6. 什么是与设备相关的色空间？请举例说明。
7. 什么是与设备无关的色空间？色彩管理系统采用哪种色空间作为参考色空间？
8. 为什么要进行色彩管理？
9. 色空间转换有几种方案？
10. 色彩管理系统三个要素是什么？请说明。

第六章　印刷色彩学实验

实验一　测量光源光谱分布

一、实验目的

掌握光源光谱分布数据的测量方法，比较不同光源的光谱特性，理解光源所发出的光谱辐射是一切颜色的来源。

二、实验设备与材料

PR－650 分光辐射度计、几种典型光源。

三、实验内容与要求

使用 PR－650 分光辐射度计测量三种不同光源的光谱分布，记录并绘制光谱分布曲线，说明不同光谱分布曲线与光的颜色感觉的对应关系。

四、实验方法

1. 确认 PR－650 分光辐射度计与计算机正确联接。

2. 按下设备的电源开关（前面板右上角红色按钮）。

3. 调整三脚架及物镜焦距，瞄准待测自发光体(光源)，目镜中黑色圆点清晰对准目标。

4. 双击电脑桌面上的 [图标] 图标，进入 PR－650 分光辐射度计测量软件，点击测量

图标或按 F2 键，可获测量结果，点击数据区上方不同测量数据类型，可以查看光谱分布数据、辐射度量、光度量、色度量等测量结果。参见图 6－1 至图 6－7。

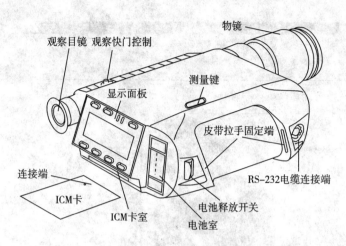

观察目镜 观察快门控制

物镜

显示面板

测量键

皮带拉手固定端

连接端

RS-232电缆连接端

ICM卡

ICM卡室

电池释放开关

电池室

图6-1 PR-650分光辐射度计

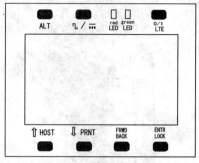

图6-2 PR-650分光辐射度计前面板

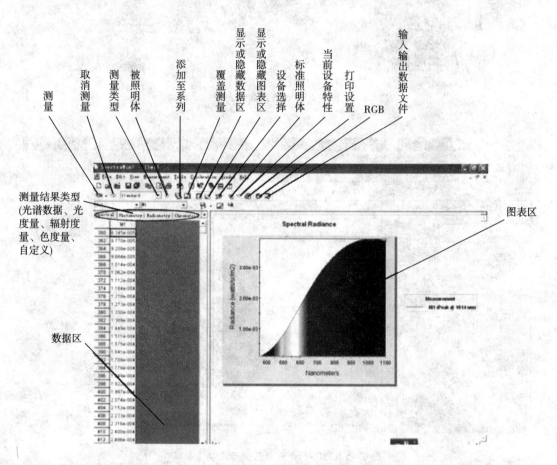

测量

取消测量

测量类型

被照明体

添加至系列

覆盖测量

显示或隐藏图表区

显示或隐藏数据区

标准照明体

设备选择

当前设备特性

打印设置

RGB

输入输出数据文件

测量结果类型
(光谱数据、光
度量、辐射度
量、色度量、
自定义)

数据区

图表区

图6-3 PR-650分光辐射度计测量软件窗口示意图

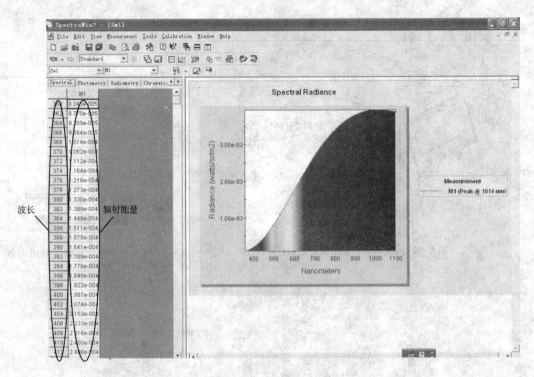

图 6 – 4   PR – 650 数据区显示光谱测量数据

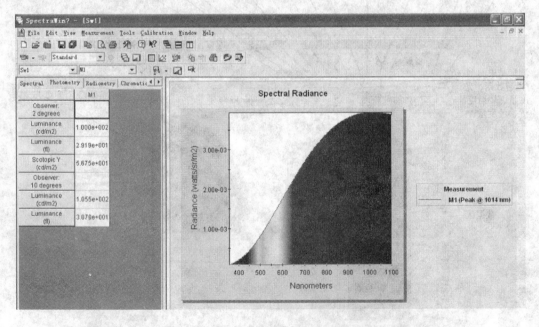

图 6 – 5   PR – 650 数据区显示光度量数据

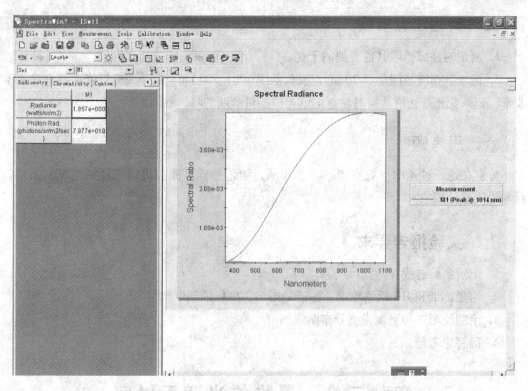

图 6 - 6　PR - 650 数据区显示辐射量数据

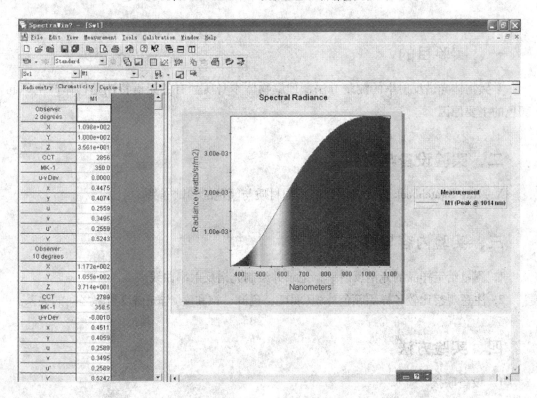

图 6 - 7　PR - 650 数据区显示色度数据

五、实验注意事项

1. 测量时注意排除其他光源的干扰。

2. 记录数据波长间隔取 20 nm，波长范围 400 ~ 700 nm。由于荧光灯光谱具有许多窄波带，记录荧光灯光谱数据时注意记下光谱能量阶跃的峰、谷值 。

六、思考题

分别在这三种光源下观察同一颜色样品，颜色感觉可能会出现怎样的情况？如何解释和说明这种现象？

七、实验报告要求

1. 记录实验过程。

2. 用坐标纸和 HB 铅笔绘图，标清楚图名、坐标轴刻度单位。

3. 绘制所测三种光源光谱分布曲线。

4. 回答思考题。

实验二　测量物体光谱反射率

一、实验目的

掌握物体光谱反射率的测量方法，理解物体本身所固有的光谱特性是物体产生不同颜色的主要原因。

二、实验设备与材料

X – Rite Swatchbook 分光光度计、不同材质与颜色的测试样品。

三、实验内容与要求

1. 测量给定样品的光谱反射率，记录并绘制光谱反射率曲线。

2. 注意观察比较各样品颜色外貌(明度、色调、饱和度)与光谱反射率之间的关系。

四、实验方法

1. 设备联接

将 X – Rite Swatchbook 分光光度计后面的电缆线的两个接口分别与电源适配器及

RS－232串口转接头相连，电源接通。

2．进入 Colorshop 软件（如果该软件没有安装，首先安装该软件）

使用 X－Rite 的 Colorshop 软件安装盘在计算机中安装 Colorshop 软件。安装完毕后，可将 Colorshop 软件图标 拖至计算机桌面。双击该图标进入 Colorshop 测色软件，出现 Colorshop 软件主界面，如图 6－8 所示，同时弹出"Preferences"之"Connection"窗口，这是要进行联接设备的确认。

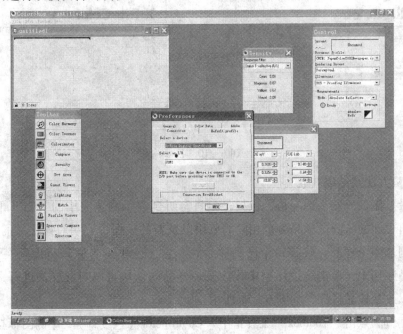

图 6－8　Colorshop 软件主界面

3．确认设备联接

在"Select a device"下拉菜单中选中"X－Rite Digital Swatchbook"；在"Select an I/O"下拉菜单中选中本设备与这台计算机所联接的串口。

紧接着点击"Test"按钮，等待检查设备联接情况，直至下面一行出现"Connection Established"为止，表示设备与计算机及软件联接成功，如图6－9所示。点击"确定"，"Preferences"窗口关闭，"Calibration（校准）"界面自动弹出，提示采用标准反射样品进行设备校准。另"Preferences"窗口需要时，可以从 Colorshop 软件工具栏中"Edit"下打开。

4．仪器校准

X－Rite Swatchbook 分光光度计测量的是物体

图 6－9　Colorshop 软件设备联接窗口

的光谱反射率，必须以标准漫反射白板作为测量标准，这个标准白板就嵌在每台设备相配套的基座上，将设备放入基座后，白板就正对测量光孔。压低仪器头到基座，保证稳定直到用户对话框表明校正完成，"OK"按钮由灰变黑，如图 6－10 所示。点击"OK"按钮"Calibration（校准）"界面关闭，可以开始测量。

图 6－10　校准

5. 测量方法及结果获取

①测量。压低仪器头到底板，保持稳定直至听到表示测量完毕的"当"的声响，或看到窗口出现新的与测量样品颜色相同的色块以及新的数据，表明对该样品的测量完成。可以连续测量多个样品，代表每个已测样品的标志（色块＋名称）将出现在"untitled"窗口的样品序列中，单击这一序列中代表某一样品的色块可以对此样品进行命名，用鼠标拖动可以改变样品排序，如图 6－11 所示。

②色度值。点击"Toolbox"工具箱中"Colorimeter（色度计）"左侧图标按钮即可打开色度值读数窗口，如图 6－12 所示。在"untitled"窗口的样品序列中选中一个样品或直

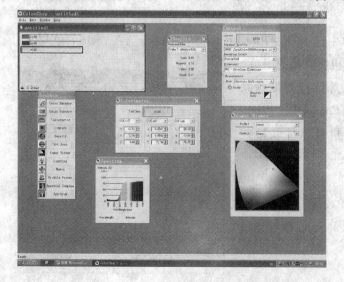

图 6－11　颜色测量结果显示

图 6－12　工具箱

接测量一个新的样品，样品的颜色会出现在"Colorimeter（色度计）"窗口中的"Tool Color"对话框中，下面并列的三个对话框中所显示的就是这一样品的不同色空间的色度值，点击每一对话框右侧的黑三角都会打开一个相同的下拉菜单，上面所列为不同色空间名称，可以根据需要选择其一，如图6-13所示。

如果想获取某一样品在不同光源下的色度值，可以在"Control"窗口的"Illuminant（光源）"对话框下拉菜单中选取不同的光源，这时你将看到样品的色度值发生改变。

③色差值。点击"Toolbox"工具箱中"Compare（比较）"左侧图标按钮（见图6-12），即可打开样品颜色比较窗口，上半部的窗口中将两个样品并列显示在不同明度的中性灰背景上，拖动下面的滑块可以改变背景色的明度。分别单击

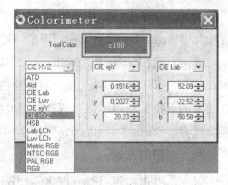

图6-13 色度测量结果

上、下两个样品，然后在"untitled"窗口的样品序列中选两个希望比较的样品取而代之，这时可以在窗口的上半部看到两个样品并列比较的视觉效果，在窗口的下面看到两个样品的 ΔE_{ab}^* 值，如图6-14所示。

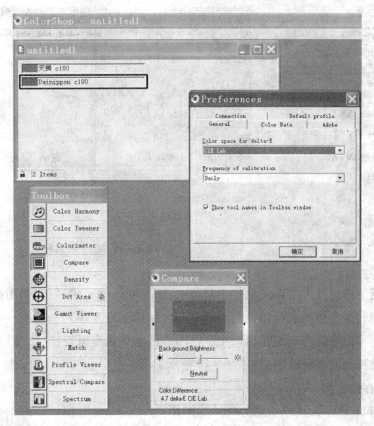

图6-14 色差测量

④密度值。点击"Toolbox"工具箱中"Density（密度）"左侧图标按钮（见图 6 - 12），即可打开密度值读数窗口，在"untitled"窗口的样品序列中选中一个样品或直接测量一个新的样品，样品的"青通道 Cyan、品红通道 Magenta、黄通道 Yellow、视觉 Visual"的密度值就会出现在"Density（密度）"窗口中。在"Response Filter（响应滤光器）"对话框的下拉菜单中可以选择不同的响应状态函数，通常测量印刷品（反射样品）的密度应选择"Status T：reflective（US）"响应状态函数，如图 6 - 15 所示。

⑤网点面积。点击"Toolbox"工具箱中"Dot Area（网点面积）"左侧图标按钮（见图 6 - 12），即可打开网点面积测量与读数窗口，首先在"Response Filter（响应滤光器）"对话框的下拉菜单中可以选择不同的响应状态函数，通常测量印刷品（反射样品）的密度应选择"Status T：reflective（US）"响应状态函数，如图 6 - 16（a）所示，接下来可以开始网点面积的测量。

首先，点击左侧 0% 方框，当此方框被一蓝色边框包围后，测量承印物（纸张），然后单击右侧 100% 方框，当此方框被一蓝色边框包围后，测量油墨实地（100% 网点面积），如图 6 - 16（b）所示。测量完毕后就可以开始测量同一承印物上与实地同色调的淡色块（网点面积＜100%），测量完毕后窗口中会显示淡色块的密度值与网点面积。

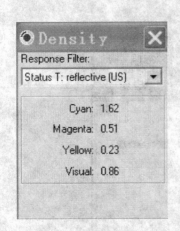

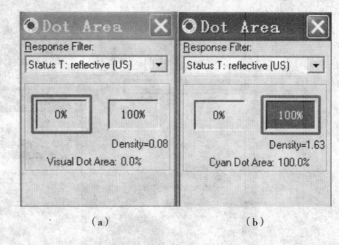

（a） （b）

图 6 - 15 密度测量 图 6 - 16 测量网点面积

⑥光谱反射率。点击"Toolbox"工具箱中"Spectrum（光谱）"左侧图标按钮（见图 6 - 12），即可打开光谱图表窗口，在"untitled"窗口的样品序列中选中一个样品，此样品的光谱反射率曲线就会出现在窗口中，在图片区水平拖曳鼠标指针，图片下方即会出现相对应的波长及光谱反射率，如图 6 - 17 所示。

6. 数据存储

从 Colorshop 软件工具栏中"Edit"下打开"Preferences"窗口，选中"Color Data"标签，在其对话框中列出了所有可以输出的数据类型，可以根据需要在前面的复选框中单击决定是否输出该数据，挑选完毕后点击确定，如图 6 – 18 所示。

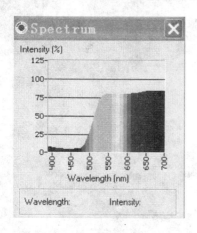

图 6 – 17　样品光谱反射率曲线　　　　图 6 – 18　选择输出数据种类

保存数据文件时在"File"菜单中选"Save"或"Export as"，在接下来的对话框中可以命名数据文件名，选择文件存放路径，选择"Export as"可以将数据文件保存为后缀为".txt"的文本文件，以后可以使用"记事本"等应用程序将其打开。

五、实验注意事项

1. 每台仪器当次实验首位使用者要校白板（或每次开机后在测量第一个样品之前进行校正）。

2. 记录数据波长间隔取 10 nm，波长范围 390 ~ 700 nm。

六、思考题

1. 照明光源的光谱分布与物体光谱反射率的乘积有何意义？

2. 每一个样品的光谱反射率是固定的，是否样品的颜色感觉也是固定的？为什么？

七、实验报告要求

1. 绘制所测样品的光谱反射率曲线。

2. 回答在特定白色光源照明下物体颜色外貌（明度、色调、饱和度）与光谱反射率之间的关系。

实验三 色貌观察实验

一、实验目的

了解颜色视觉规律，体会观察条件对色貌的影响。

二、实验设备与材料

Judge II 多光源标准观察箱、观测样张。

三、实验内容与要求

1. 将两个相同的样张分别放在两个标准光源观察箱中，如图 6 - 19 所示，一个灯箱打开"DAY"光源，另一个打开"A"光源，观察样张颜色差异并记录观察结果。关闭"A"光源，打开"CWF"光源，重复上述步骤。

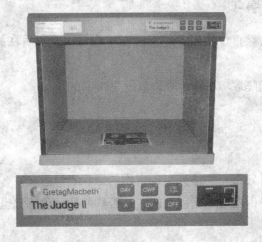

图 6 - 19 Judge II 多光源标准观察箱

2. 在"DAY"光源下，利用给定样张观察色对比、负后像、同色异谱等颜色视觉现象，记录观察结果并分析产生各种现象的原因。

四、实验注意事项

1. 不同现象观察要使用相应的观察样张（最好将各种样张编号，方便记录）。

2. 观察结果必须与实验步骤一起记录。

五、思考题

实验中所见到的这些现象会对颜色复制与评价工作带来哪些影响? 说明在观察颜色时应该注意什么问题?

六、实验报告要求

1. 记录实验步骤与现象,并逐一分析产生各种现象的原因。
2. 颜色感觉的变化记录时要从明度增大或减小、色调偏差(偏红、偏绿等)、饱和度增大或减小三方面写。

实验四 颜色匹配实验

一、实验目的

理解加色混色与减色混色原理,体会颜色混合规律。

二、实验设备与材料

目视比色计与配色用色块;计算机与配色程序。

三、实验内容与要求

1. 利用目视比色计进行减色混色,通过调节四组滤色片透光率匹配目标色(实验开始前全部归零),达到颜色匹配后记下四组透光率数值,然后打乱四组滤色片,不用看样品只根据所记数据重新调整到上述数值,这时再通过目镜观察颜色是否匹配。
2. 利用"Color Matching"程序模拟加色混色和印刷油墨的混色实验。

四、实验方法

1. 目视比色计(罗维朋比色计)

此目视比色计如图6-20所示,属于减色法比色计,是将白光经青、品红、黄滤色片

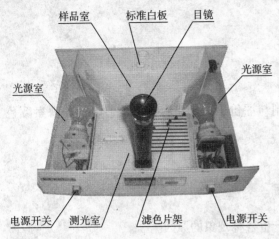

图 6-20 目视比色计

以不同比例分别吸收红、绿、蓝光后，剩余的色光和待测的颜色（色光）进行匹配的仪器，其作用与印刷油墨的作用相似。该仪器采用目视匹配测量的方法测出被测物体的颜色，用带有罗维朋色度标的罗维朋滤色片来组合配色，因为任何颜色都可以由青、品红、黄三原色匹配而成，罗维朋滤色片就由青、品红、黄、中性色（灰）四组滤色片组成，中性滤色片是改变亮度用的，品红、黄各有 700 级，青色有 400 级，通过改变这些滤色片的组合，能够得到各种不同的颜色，并能用数字表示出来。图 6-21 为目视比色计光路图。

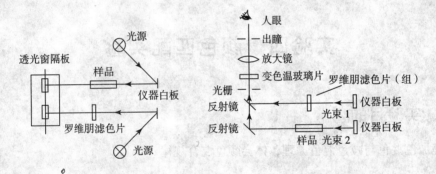

图 6-21 目视比色计光路图

仪器配有四种共 84 块罗维朋滤色片，其中：

红色为 0.1～0.9；1.0～9.0；10～70，共分为 700 级；

黄色为 0.1～0.9；1.0～9.0；10～70，共分为 700 级；

蓝色为 0.1～0.9；1.0～9.0；10～40，共分为 400 级；

中性色为 0.1～0.9；1.0～3.0，共分为 40 级；

最小读数精度为 0.1 罗维朋色度单位。

（1）待测样品放好后，按下前面板上的电源开关（左、右都行）就可以在目镜筒中左边的视场看到它的颜色，右边视场是光源的光经滤色片吸收后剩余光谱成分的颜色，调节青、品红、黄三种滤色片的组合，直到左右视场能得出一致的颜色为止，记录下仪器中起作用的滤色片的值。在开始测量以前，可先估计一个大致原色比例，既可以节省时间，又锻炼了配色能力。

（2）中性（灰）滤色片是当用一色或二色滤色片相匹配时，匹配色比样品色暗，则需加中性滤色片来降低样品色明度，以使二者颜色和明度都一致，其数值仅作为亮度数据单独记录下来。必须注意当青、品红、黄三种滤色片都用于比色时，则不能使用中性滤色片，这时可采取青、品红、黄滤色片各降低一档的方法来达到颜色匹配。

观测时，仪器安放的位置应使从窗子来的明亮光线不直接进入观测者的眼睛。

2."Color Matching"程序使用

（1）双击电脑桌面上的"colormatch"图标，进入配色程序界面。

（2）选择混色模式"RGB"模式（加色混色）或"CMY"模式（减色混色）。

（3）点击"产生随机色"按钮，圆视场左半部分出现一随机色，将其作为目标色，拖动 R，G，B 或 C，M，Y 值滑块（或者直接输入数值），右半视场的匹配色色貌将随之改变，耐心调整直至右半视场的颜色逐渐逼近目标色，当感觉左右两边颜色完全一致时，点击"确定"按钮，实验结束，程序会自动给出成绩。

四、实验注意事项

目视比色计在黄、品红、青三色滤色片都使用时不能再使用中性灰滤色片，只有当仅使用两彩色滤色片时才可以使用中性灰滤色片去降低目标色明度（请思考这是为什么？）。

五、思考题

1. 如果混合色比目标色偏黄，在上面两类混色实验中分别应当如何调整，以达到颜色匹配？

2. 当达到颜色匹配时，如何用颜色方程表示匹配的颜色？

六、实验报告要求

1. 比色计减色混色实验数据

完成实验所用时间：

滤色片	品红	黄	青	中性灰
透光率%				

2. 利用"Color Matching"程序模拟加色混色和印刷油墨的混色实验

完成实验所用时间：

加色混色	R =	G =	B =
印刷油墨混色	C =	M =	Y =

实验五　孟塞尔图册练习册使用练习

一、实验目的

认识颜色三属性，练习颜色辨别能力，理解孟塞尔颜色体系表色方法。

二、实验设备与材料

孟塞尔图册练习册。

三、实验内容与要求

1. 自学孟塞尔图册练习册使用说明。

2. 将孟塞尔图册练习册中 HVC 页按照要求摆放完成。

3. 将孟塞尔图册练习册 10 种色调页中一种色调页（如 5YG）依照视觉规律摆放完成。

四、实验注意事项

爱护练习册，小心使用，不要用手接触色块表面，用后整理恢复原样，装入正确的袋中。

五、思考题

你认为孟塞尔图册能为设计人员带来何种便利？如何使用？

六、实验报告要求

记录全部内容完成所需时间及错误率。

实验六 色度测量

一、实验目的

学会使用颜色测量仪器测量各种物体的色度值，掌握定量描述颜色的方法。

二、实验设备与材料

PR-650 分光辐射度计、X-Rite Swatchbook 分光光度计、X-Rite Monitor Optimizer 色度计、各种测试样品。

三、实验内容与要求

1. 使用 PR-650 分光辐射度计分别测量两种光源的色度，包括 X、Y、Z、x、y 和色温值，将色品坐标标在 xy 色品图中。

2. 使用 X-Rite Swatchbook 分光光度计测量三种样品分别在 D_{65} 光源下和 A 光源下的色度值，包括 X、Y、Z，x、y，L^*、a^*、b^*，将色品坐标标在 xy 色品图及 ab 色品图中。

3. 使用 X-Rite Monitor Optimizer 色度计测量 CRT 显示器上三个色块的色度值，包括 X、Y、Z，x、y，L^*、a^*、b^*，将色品坐标标在 xy 色品图及 ab 色品图中。

四、实验方法

1. 使用 PR-650 分光辐射度计测量光源的色度方法参见实验一。

2. 使用 X-Rite Swatchbook 分光光度计测量样品的色度值方法参见实验二。

3. 使用 X-Rite Monitor Optimizer 色度计（见图 6-22）测量 CRT 显示器上色块的色度值同样使用"Colorshop"软件，测量软件的使用同 X-Rite Swatchbook 分光光度计测量方法介绍，所不同的是，设备连接时选"X-Rite Monitor Optimizer"与"USB"口，测量前将设备吸在屏幕上，测量光孔对准被测色块，测量时点击"Edit"下"Measure"或按"Ctrl"+"M"即可。需要注意的是，

图 6-22 X-Rite Monitor Optimizer 色度计

X – Rite Monitor Optimizer 色度计属于光电色度计类仪器，不能测量光谱数据，仪器内部没有光源，只能测量 CRT 显示器所发光的颜色。

五、实验注意事项

1. 测量光源色度时注意排除其他光源的干扰。

2. 使用 X – Rite Monitor Optimizer 色度计测量 CRT 显示器上色块时注意仪器要在屏幕上吸牢，防止落下摔坏仪器。

3. 记录测量方法步骤和结果。

六、思考题

X – Rite Monitor Optimizer 色度计能够测量光谱数据吗？它与 X – Rite Swatchbook 分光光度计的测色原理是否相同？

七、实验报告要求

1. 记录三种反射样品色度值

样品	光源	色度值		
		X、Y、Z	x、y	L^*、a^*、b^*
一	D_{65}			
	A			
二	D_{65}			
	A			
三	D_{65}			
	A			

2. 记录 CRT 显示器上三种色块色度值

样品	色度值		
	X、Y、Z	x、y	L^*、a^*、b^*
一	R = G = B =		
二	R = G = B =		
三	R = G = B =		

3. 反射样品测量结果画在一张 xy 色品图及一张 ab 色品图中，其中色品坐标点以圆点表示，以数字 1，2，3 标注样品号，A 光源下色品坐标点用红色。xy 色品图中必须画出完整准确的光谱轨迹。

4. CRT 显示器色块测量结果画在一张 xy 色品图及一张 ab 色品图上，其中色品坐标点以圆点表示，以数字 1，2，3 标注样品号。xy 色品图中必须画出完整准确的光谱轨迹。

5. 根据测量的三刺激值 X、Y、Z 计算 L^*、a^*、b^* 值，并与测量值进行对比。

实验七　色差测量与分析

一、实验目的

学会利用仪器测量色差，掌握使用数量表示颜色感觉差异的方法。

二、实验设备与材料

X–Rite Swatchbook 分光光度计、三对测试样品。

三、实验内容与要求

测量三对测试样品的 L^*、a^*、b^*、c^*、h^*，ΔE_{ab}^* 值，在实验报告中分别将每对样品的 ΔL^*、Δh^*、ΔC^* 计算出来并画图（L^* 标尺与 ab 色品图）表示，分析两个相近颜色样品颜色感觉（色貌）各方面（明度、色调、饱和度）的差异。观察三对测试样品，体验色差测量值与色差感觉的对应关系。

四、实验方法

使用 X–Rite Swatchbook 分光光度计测量样品色差的方法参见实验二。

五、实验注意事项

1. 测量条件选择 D_{65} 光源、$2°$ 视场。

2. 在测量色差前，可以先估计色差之大小，与实测值对照，练习培养目视评价颜色水平。

六、实验报告要求

色差测量数据记录与计算评价表

组别－样品	色度与色差值											每对样品色貌差异描述（样品2相对于样品1）
	L^*	$\Delta L^* = L_2^* - L_1^*$	a^*	$\Delta a^* = a_2^* - a_1^*$	b^*	$\Delta b^* = b_2^* - b_1^*$	C^*	$\Delta C^* = C_2^* - C_1^*$	h^*	$\Delta h^* = h_2^* - h_1^*$	ΔE_{ab}^*	
1－1												
1－2												
2－1												
2－2												
3－1												
3－2												

实验八　密度测量

一、实验目的

学会利用仪器测量胶片及印刷品的密度、网点面积率等，掌握采用密度法表示油墨质量及印刷状况。

二、实验设备与材料

GretagMacbeth D200 – Ⅱ 透射密度仪、测试胶片；X – Rite Swatchbook 分光光度计、测试样张。

三、实验内容与要求

1. 使用 X – Rite Swatchbook 分光光度计测量并绘制青、品红、黄油墨实地色块光谱反射率曲线。

2. 使用 X – Rite Swatchbook 分光光度计测量并记录青、品红、黄油墨实地色块在三种滤色片（或三通道）下的密度值。

3. 使用 X – Rite Swatchbook 分光光度计测量青、品红、黄油墨之一单色梯尺中每一色块的网点面积率，对比网点标定值绘制网点扩大曲线。

4. 使用 X – Rite Swatchbook 分光光度计测量黑墨实地及灰梯尺中每一色块的 X、Y、Z，x、y，L^*、a^*、b^* 值与密度值。

5. 使用 GretagMacbeth D200 – Ⅱ 透射密度仪测量胶片指定区域密度、网点面积率。

四、实验方法

1. 使用 X – Rite Swatchbook 分光光度计测量样品的色度值、密度值及网点面积率方法参见实验二。

2. 使用 GretagMacbeth D200 – Ⅱ透射密度仪（见图 6 – 23）进行测量。

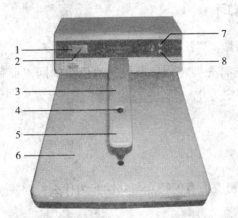

图 6 – 23　GretagMacbeth D200 – Ⅱ透射密度仪

1—状态显示器；2—测量值或者出错信息显示；3—测量臂；4—归零键；5—测量按钮；

6—被照亮的测量台；7— 模型 1 或 2 的选择按钮；8— 模型 3 或 4 的选择按钮

技术性能及规格：

光源色温：约 3000℃

测量范围：密度：0.00D ~ 6.0D；网点面积率：0 ~ 100%

仪器的操作：

（1）功能模型选择

D200 – Ⅱ透射密度仪有五个功能，可选择的测量功能或者校正功能被显示在显示器的左边，只要功能模型改变，测量数值就会自动地转换成与新的测量模型相对应单位的数值。模型 1：密度；模型 2：前两次测量的密度差异；模型 3：阳图网点面积；模型 4：阴图网点面积；模型 5：校正。

用上面的黄色键选择模型 1 和模型 2，用下面的黄色键选择模型 3 和模型 4，用仪器后面面板上的 CAL 开关选择模型 5。

（2）归零

①把待测物体放到测量孔。

② 按住测量按钮压低测量头到胶片。

③当测量臂压低的时候，按一下测量臂上的零按钮。

④ 当测量值显示在显示器上后立即释放测量键。

（3）测量

①把待测物体放到测量孔。

② 按住测量按钮压低测量头到胶片。

③当测量值显示在显示器上后，释放测量键，显示屏上显示出所测量的密度值或网点值。

五、实验注意事项

1．测量条件为 D_{65} 光源、2°视场，测量 T 状态密度。

2．测网点面积率时，首先要将同色原墨实地色块的网点面积率定为 100%，将承印物（白纸）的网点面积率定为 0%。

六、思考题

非彩色之间的色度与密度值有何特点与共性？为什么？

七、实验报告要求

1．绘制青、品红、黄油墨实地色块光谱反射率曲线，同时用虚线画出理想油墨的光谱反射率曲线。

2．记录青、品红、黄油墨实地色块密度值

滤色片（通道） 墨色	R （C 通道）	G （M 通道）	B （Y 通道）
青			
品红			
黄			

3．计算三原色油墨的色纯度、色强度、色偏、色灰、色效率，结合其光谱反射率曲线分析油墨颜色质量。

4．记录黑墨实地及灰梯尺中每一色块的 X、Y、Z，x、y，L^*、a^*、b^* 值与密度值

网点面积（%）		100	90	80	70	60	50	40	30	25	20	15	10	7	3
三刺激值	X														
	Y														
	Z														
色品坐标	x														
	y														

续表

网点面积（%）		100	90	80	70	60	50	40	30	25	20	15	10	7	3
L*、a*、b*值	L*														
	a*														
	b*														
密度值	C														
	M														
	Y														

注意它们的共性与差别，寻找规律，思考原因。

5. 网点增大曲线的横坐标为印张上网点梯尺标注的面积率（即印版上的网点面积率），纵坐标为网点增大值（实测值—标注值）。

标注网点面积率（%）	90	80	70	60	50	40	30	25	20	15	10	7	3
实测网点面积率（%）													
网点增大值（%）													

实验九　网点观察

一、实验目的

熟悉印刷品网点呈色特性。

二、实验设备与材料

放大镜、网点显微镜、观察样张。

三、实验内容与要求

1. 观察样张中不同形状网点梯尺，注意随着网点面积率的变化网点形态的改变。

2. 观察不同印刷品加网角度、线数、网点叠合与并列的关系。

四、思考题

1. 为何说印刷品最终的颜色是色光相加的结果？

2. 对比用"Color Matching"软件匹配印刷颜色的效果，体会不同网点面积率混合出的颜色。

附　录

英汉对照常用印刷色彩词汇表

A

achromatic stimulus	无彩色刺激
acquired color vision deficiency	后天色视觉缺陷
active display	主动显示
adaptation	适应
additive colorimeter	加色法色度计
additive color mixture	加色法混合
advanced colorimetry	高等色度学
advancing color	近似色
adjacency effect	邻界效应
after image	后像
anomalous color vision	异常色觉
anomalous trichromat	色弱
anomalous trichromatism	异常三色性色觉
auto B/W or color	自动黑白与彩色
auto black balance	自动黑平衡
azure blue	天蓝色

B

background color	背景颜色
basic colorimetry	基础色度学
beige	浅褐色、米色
black body	黑体
black body locus	黑体轨迹
black burst	黑场信号
black level	黑电平
blackness	黑度
black plate	黑版
blue light's whiteness Wb	蓝光白度 Wb

blueness	蓝度
blue – yellow blindness	蓝黄色盲
body color	不透明色
brightness	视亮度
brightness constancy	视亮度恒常性
brightening agent	荧光增白剂
brown toning	棕调色

C

calculation of tristimulus values	三刺激值计算
cardinal stimuli	主刺激
carmine	洋红色、深红色
cerulean blue	天蓝色
China ink	墨、墨汁
Chinese blue	中国蓝
Chinese color system	中国颜色体系
Chinese vermilion	中国朱红
Chinese white	中国白
chroma cosmos 5000	色彩大全 5000
chromatic adaptation	色适应
chromaticity	色品
chromaticity coordinates	色品坐标
chromaticity diagram	色品图
CIE 1976(L^*,u^*,v^*) color space and color difference formula	CIE 1976(L^*,u^*,v^*) 色空间及色差公式
CIE 1976(L^*,a^*,b^*) color space and color difference formula	CIE 1976(L^*,a^*,b^*) 色空间及色差公式
CIE 1931(x,y,Y) color system	CIE 1931(x,y,Y) 颜色系统

CIELab color system	CIELab 颜色系统	coloroid hue A	颜色体系统的色调 A
CIELuv color system	CIELuv 颜色系统	coloroid lightness V	颜色体系统的明度 V
CIE standard colorimetric observer	CIE 标准色度观察者	coloroid saturation T	颜色体系统的饱和度 T
CIE 1931 standard colorimetric observer	CIE 1931 标准色度观察者	coloroid solid	颜色体系统的颜色立体
CIE standard colorimetric system	CIE 标准色度系统	coloroid system	颜色体系统
CIE 1931 standard colorimetric system	CIE 1931 标准色度系统	colorplexer	彩色形成器
CIE standard illuminants	CIE 标准施照体(照明体)	color	颜色
CIE standard sources	CIE 标准光源	color agnosia	颜色失认症
CIE 1964 supplementary standard colorimetric system	CIE 1964 补充标准色度系统	color album of Chinese color system	中国颜色体系册
		color analysis of original manuscripture	彩色原稿的颜色分析
CIE 1964 supplementary standard colorimetric observer	CIE 1964 补充标准色度观察者	color analyzer	彩色分析仪
		color appearance	色貌,色表
CIE 1976 UCS diagram	CIE 1976 UCS 色品图	color appearence model	色貌模型
clear bulb	透明灯泡,无色灯泡	color appearance systems	色貌系统,色表系统
clear negative	透明负片,无底色负片	color arrangement	配色
clear photoflood lamp	透明散光灯	color arrangement balance	配色平衡
CMC(l:c) color difference formula	CMC(l:c)色差公式	color arrangement focus	配色重点
coatings	涂料	color atlas	色谱,颜色图谱
colorant	色料,着色剂,色素	color balance	彩色平衡
colorant formulation	配色	color bar signal	彩条信号
colorant formulation and coloration	配色与着色	color blends	色并现
colorant mixture systems	色料混合系统	color blindness	色盲
coloration	赋色	color – blindness test	色盲测验图
colorfulness	视彩度,色浓度	color boundary	色边界
colorimeter	色度计	color breakup	颜色分解
colorimeter,color comparater	比色计	color burst	色同步信号
colorimetric color reproduction by dot apposition	网点的并列呈色	color camera	彩色摄像
		color cathode ray tube	彩色电子束管
		color coding	彩色编码
colorimetric color reproduction by dot superimposition	网点的叠加呈色	color compensation filter	彩色补偿滤光镜
		color conditioning	色彩调节
colorimetric primary standard of China	中国国家色度基准	color constancy	色觉恒常
		color contrast	色对比
colorimetric purity	色度纯度 Pc	color correction	彩色校正
colorimetric shift	色度位移	color corrector	彩色校正器
colorimetric system	色度学系统	color deficiency	色觉缺陷
colorimetric transformation	色度学变换	color density	彩色密度
colorimetry	色度学	color development	彩色显影
coloring	着色,染色	color difference	色差
coloring agent,coloring matter	色料,着色剂,色素	color difference ΔE	色差 ΔE
coloring power	着色力	color difference formula	色差公式

color difference meter	色差计	color purity allowance	色纯余量
color difference threshold	色差阈	color purity control	色纯调整
color display	彩色显示	color pyramid	色锥体
color distortion	色失真	color rendering properties of light source	光源显色性
color encoder	彩色编码器		
color equation	颜色方程	color reproduction	色再现
color error of reproduction	印刷复制的颜色误差	color reversal film	彩色反转片
color fastness	色牢度	color reversal material	彩色反转片材料
color fatigue	色疲劳	color scanner	电子分色机
color field	色视场	color scattering	色彩散射
color film	彩色胶片	color sensitive emulsion	感色乳剂
color filter	彩色滤光镜	color sensitive materials and it's processing	彩色感光材料及其处理工艺
(color) fixing agent	固色剂		
color fusion	色融合	color sensitivity	感光性,彩色感光度
color gamut	色域	color separation	分色
color geometry	色几何(学)	color signal transmition and reception	彩色电视信号的发送与接收
color glass filter	色玻璃滤光镜		
color harmony	颜色和谐	color – size illusion	颜色大小错觉
color holography	彩色全息摄影	color solid	颜色立体
color light illumination	色光照明	color solid of Chinese color system	中国颜色体系的色立体
color light signal	颜色灯光信号	color space	颜色空间
color masking	色罩	color specification	颜色表示
color matching	颜色匹配	color specification mode	颜色描述模式
color measurement of printing ink	印刷油墨的颜色测定	color stimulus	色刺激
color mixture	颜色混合	color stimulus function	色刺激函数
color motion picture	彩色电影	color (stimulus) measurement	颜色(刺激)测量
color negative film	彩色负片	color stimulus mixture systems	颜色刺激混合系统
color order system	色序系统	color table	颜色表
color original manuscripture	彩色原稿	color television	彩色电视
color perception	颜色感知过程	color television camera	彩色电视摄像机
color photography	彩色摄影	color (temperature) conversion filter	色温变换滤光镜
color picture signal	彩色图像信号	color temperature Tc	颜色温度 Tc
color positive film	彩色正片	color temperature meter	色温表
color preference	颜色爱好	color theory	色觉理论
color print	彩色照片,彩色拷贝	color tolerance	色宽容度,色宽容量
color printing	彩色印刷	color top	色陀螺
color printing register	彩色印刷的套色叠印	color triangle	颜色三角形,原色三角形
color printing sequance	彩色印刷的色序	color TV phosphor	彩色电视荧光粉
color print paper	彩色相纸	color TV systems conversion	彩色电视制式转换
color proof	彩色打样	color valence	颜色界
color purity	色纯	color value	颜色值

color vision	色视觉	dominant wavelength	主波长
color visual response	颜色视觉响应	dot	网点
color wheel	色轮	dye	染料
color zone	色区	dye developer	染料显影剂
complementary color	补色	dyeing	染色
complementary color stimuli	互补色刺激	dye laser	染料激光器
complementary wavelength	补色波长	dyestuff	染料激光器
composite light lamp	复合光源		
computer color matching(CCM)	计算机配色(CCM)	**E**	
cones	锥体细胞	earth colors	土色
contrast	对比,衬比,对比度	edge contrast	边缘对比
contrast sensitivity	对比灵敏度	electrochromic display	电色显示
conventional gravure	照相凹版印刷	elementary color	基本色
cool color	冷色	emerald green	宝石翠绿,鲜绿色
correlated color temperature Tcp	相关色温 Tcp	encephalopxy	颜色联想
coupling	成色	English red	英国红
covering power	遮盖力	equi – energy spectrum	等能光谱
cyan	青色	equivalent neutral density,END	等效中性灰密度
cyanine blue	青蓝	Eurocolor system	欧洲颜色系统
		evaluation and measurement of color printing	彩色印刷的评价与测试
D			
dark adaptation	暗适应	evolutionary theory of color	色视觉进化论
daylight fluorescent lamp	白昼荧光灯	excitation purity	兴奋纯度 Pe
daylight illuminant	日光施照体	expansive color	似胀色
daylight screen	白昼银幕	exposure density	曝光密度
daylight type color film	日光型彩色胶片	extended range film	宽容度扩展型胶片
decomposition of white light	白光分解	eye	眼
definition	清晰度		
degrees of freedom in color matching	颜色匹配的自由度	**F**	
density failure	密度失效	fashion color	流行色
deuteranopia	乙型色盲,绿色盲	field of view(FOV)	视野,视场(FOV)
direct color separation	直接分色	figure – ground	图像背景
direct screening	直接加网分色	flake white	铅白
direct toning	直接调色法	flat – bed scanner	平板扫描仪
discoloration	去色,退色,变色	flat – panel display	平板显示器
display device	显示器件	fluorescence	荧光
display primaries	显示基色	fluorescent color	荧色
display tube	显像管	fluorescent dyes	荧光染料
dissonance	不和谐的	fluorescent lamp	荧光灯
distal stimulus	远距刺激	fluorescent pigment	荧光颜料
distribution temperature Td	分布温度 Td	fluorescent screen	荧光屏

fluorescent whitener, fluorescent whitening agent, fluorescent bleacher	荧光增白剂	illuminant color	光源色
		illuminant and light sources	施照体和光源
FMC color difference formula	FMC 色差公式	illuminating and viewing conditions for reflecting speciments	反射样品的照明和观察条件
food dyes	食用染料		
foreground color	前景颜色	illuminating and viewing conditions for transmitting speciments	透射样品的照明和观察条件
four – color printing	四色印刷		
fovea	中央凹(黄斑中心)	illumination color	照明色
free color	自由色	image	图像
fresh living color	流行色	image input device	图像输入设备
fugitive	易退色的	image quality	图像质量
full color electroluminescent display device	彩色电致发光显示器件	image resolution	图像清晰度,图像分辨力
		incandescent lamp	白炽灯
full color liquid crystal display	彩色液晶显示	index of lightness	明度指数
fundamental color	基础色,基色,原色	Indian red	印度红
		Indian yellow	印度黄
		indigo	靛青
		indigoid dyes	靛族染料
		isotemperature line	等色温线

G

gloss	光泽		
gloss trap	光泽陷阱		
gold toning	金调色		
gradations	层次渐变	**J**	
graphic arts film	印刷制版胶片,制版用胶片	Japan colors	日本色
		jet printing	喷射印刷
Grassmann law	格拉斯曼定律	Judd	贾德(NBS 单位)
gravure film	照相凹版印刷胶片	Judd formula	贾德公式
gravure printing	凹版印刷	Judd – Hunter color difference formula	贾德 – 亨特色差公式
grey balance of color printing	彩色印刷的灰色平衡	just noticeable difference(JND)	最小可觉差(JND)
grey density	灰度密度		
grey scale	灰度级	**K**	
		key	基调

H

		Kubelka – Munk law	库贝卡 – 芒克定律
half – tone picture	中间色调图像		
halftone plate	网目印版,半色调版,加网凸版,网目凸版	**L**	
		large area transmittance density	平均透射密度
Hering theory of vision	赫林四色学说	laser Chinese character composition system	激光汉字排版系统
hexagon of primary color	原色六角形		
high definition television(HDTV)	高清晰度电视(HDTV)	laser printer	激光印刷机
highlight	高光	laser printing	激光打印
hue	色调,色相	law of complementary colors	补色律
hue circle	色调环	law of intermediary colors	中间色律
		law of substitution	代替律

I

		light	光
illuminant	光源,发光体	light adaptation	亮适应

light and weight feeling of color	颜色的轻重感	monochromatism	全色盲
light balancing filter	光平衡滤光镜,色温变换滤光镜,LB 镜	monochromator	单色器,单色仪
		monachrome	单色画
lightness	明度	monochrome television	黑白电视
light red	亮红	monocular color mixture	单眼混色
light source color	光源色	multidimentional stimuli	多维刺激
liquid crystal display	液晶显示	multiplication color mixture	乘积混色(减色混色)
liquid crystal display device	液晶显示器	multispectral scanner	多光谱扫描仪
lithographic plate	平版	mummy	普鲁士红
lithography printing	平版印刷	Munsell chroma C	孟塞尔彩度 C
luminance	光亮度,亮度	Munsell color book	孟塞尔颜色图册
luminance coefficient	光亮度系数	Munsell color notation	孟塞尔颜色标注
luminance factor	光亮度因数,亮度因数	Munsell color solid	孟塞尔颜色立体
luminance level	亮度水平	Munsell color system	孟塞尔颜色系统
luminous color	发光色	Munsell hue H	孟塞尔色调 H
luminous pigment	发光颜料	Munsell renotation system	孟塞尔新标颜色系统
luminous transmittance	光透射比	Munsell value V	孟塞尔光值 V(孟塞尔明度 V)
Luther's condition	卢瑟条件		

M

N

MacAdam ellipse	麦克亚当椭圆	natural color system(NCS)	自然色系统(NCS)
MacAdam formula	麦克亚当公式	naturaldyes	天然染料
MacAdam gamut	麦克亚当限	NCS atlas	NCS 色谱
MacAdam color formula	麦克亚当色差公式	NCS color notation	NCS 颜色标注
magenta	品红	NCS color solid	NCS 颜色立体
masking	蒙版(印刷)	NCS elementary attributes	NCS 基本属性
masking film	蒙片,蒙版胶片	NCS elementary colors	NCS 基本色
memory color	记忆颜色	NCS lightness(1)	NCS 明度(1)
mercury vapor lamp	汞灯,水银灯	NCS saturation(m)	NCS 饱和度(m)
mesopic spectral luminous efficiency	中间视觉光谱光视效率	ND filter	中性灰滤光片,灰色滤光片
mesopic vision	中间视觉		
metal halide lamp	金属卤化物灯	negative mask	负像蒙片
metallic pigment	金属颜料	neon lamp	霓虹灯
metameric stimuli	同色异谱刺激	Neugebauer's equation	聂格伯尔方程,纽介堡方程
minimum perceptible color difference(MPCD)	最小察觉色差(MPCD)		
		neutral dyes	中性染料
modern development of color theory	颜色科学的现代发展	neutral point	中性点
modulation	色彩造型	neutral zone	中性带
monochromatic printing	单色印刷	Newton's color circle	牛顿色环
monochromatic specification	单色表示	night – blindness	夜盲
monochromatic zone	单色视觉带	north sky light	北方天空光

O

ocher	赭石
Optical Society of America – Uniform Color Scale System (OSA – UCS)	美国光学学会——均匀色系统(OSA – UCS)
opto – electronics colorimeter	光电色度计
opto – electronics integral colorimeter	光电积分测色仪
opponent color	对抗色
organic pigment	有机颜料
OSA – UCS color solid	美国光学学会——均匀色系统颜色立体
OSA – UCS notation	美国光学学会——均匀色系统标注
Ostwald color notation	奥斯瓦尔德颜色系统标注
Ostwald color solid	奥斯瓦尔德颜色立体
Ostwald color system	奥斯瓦尔德颜色系统
Ostwald full – color content	奥斯瓦尔德全彩色 C
Ostwald whitness (white content) and blackness (black content)	奥斯瓦尔德白度 W 和黑度 B
over correction	过校正

P

paint	绘画
PCCS chroma	PCCS 彩度
PCCS color solid	PCCS 颜色立体
PCCS hue	PCCS 色调
PCCS lightness	PCCS 明度
PCCS tone	PCCS 影调
perceived achromatic color	感知无彩色
perceived achroma	感知彩度
perceived chromatic color	感知有彩色
perfect reflecting diffuser (PRD)	完全反射漫射体(PRD)
perfect transmitting diffuser (PTD)	完全透射漫射体(PTD)
photographic color separation	照相分色
photopic vision	明视觉
picture signal	图像信号
pigment	颜料
Planckian radiator, black body	普朗克辐射体,黑体
Planckian law	普朗克定律
plane color chart	平面色彩图

plasma display	等离子显示,等离子体显示器
plate	版,印版
plating	印刷制版
plating camera	制版照相机
polarizing filter	偏(振)光滤光镜,偏光镜
porphyropsin	视绀素
positive mask	正像蒙片
poster	广告画
Practical Color Coordinate System (PCCS)	(日本)实用颜色坐标系统(PCCS)
primary color	基础色,原色
primary color signal drive	基色信号激励
print contrast signal (PCS)	(条码)印刷反差,印刷色差对比度(PCS)
printing ink	油墨
process plate	照相制版干版
protanopia	甲型色盲,红色盲
protective coloration	保护色
Prussian blue	普鲁士蓝
Prussian brown	普鲁士棕
Prussian green	普鲁士绿
pseudo color	伪彩色
pseudo color display	伪彩色显示
pseudo color image processing	伪彩色图像处理
psychometric terms	心理度量术语
psychometric brightness	心理度量视亮度
psychometric chromaticness	心理度量色品度
psychometric lightness	心理度量明度
psychophysical color	心理物理色
psychophysical terms	心理物理术语
pupil	瞳孔
purity	纯度
Purkinje phenomenon	浦尔金耶现象
purple boundary	紫红线

Q

quinoline dyes	喹啉染料

R

radiance factor	辐亮度因数 β_e

radiography	射线摄影
rainbow	彩虹
receding color	似远色
red – eye phenomenon	红眼现象
red – green blindness	红绿色盲
redness	红度
redout	红视
red – sensitive emulsion layer	感红乳剂层
redware	紫砂,红土陶
reflectance	光反射比 ρ
reflectance factor	反射因数 R
reflected glare	反射眩光
reflection density	反射密度
refrence color stimuli	参比色刺激
related color	相关色
relative color stimulus function	相对色刺激函数
relative spectral power distribution	相对光谱功率分布
reprography	复印
resin	树脂
resolusion	清晰度
retina	视网膜
retinene	视黄素
retouching	修版
retroreflection	逆反射
reversed contrast	反转对比
rhodopsin	视紫红质
ribbon	色带
rods	杆体细胞
ruby glass	红宝石玻璃

S

safety colors	安全色
saturation	饱和度
scanner film	分色印刷胶片,扫描胶片
scarlet	鲜红
scotopic	暗视觉
screen angle	网屏角度,网线角度
separation film	分色片
sharpness of vision	视觉锐度
silk screen printing	丝网印刷

simultaneous	(颜色的)同时对比
single – exposure printer	减色法彩色印片机,一次曝光印片机
sky filter	天空滤光镜
skylight	天空光
smalt	大青色
soft and hard feeling of color	颜色的软、硬感
solid color density of pringting	彩色印刷的实地密度
Spanish red	西班牙红
spectral color	光谱色
spectral distribution	光谱分布
spectral luminous efficiency	光谱光视效率
spectral luminous efficiency curve	光谱光视效率曲线
spectral concentration	光谱密度,光谱密集度
spectral tristimulus values	光谱三刺激值
spectrophotometer	光谱光度计,分光光度计
spectrophotometric colorimetry	光谱光度测色法
spectrum locus	光谱轨迹
specular density	单向密度
standard negative	标准负片,标准底片
standard of relectance factor	反射因数标准
standard white	标准白
state of chromatic adaptation	色适应状态
steroscopic motion picture	立体电影
steroscopic photography	立体摄影
subjective color	主观色
subtractive colorimeter	减色法色度计
subtractive color mixture	减色法混合
subtractive color printer	减色法彩色印片机,一次曝光印片机
successive contrast	(颜色的)继时对比
surface color	表面色
surround	周场,背景

T

television system	电视制式
temperature	色性
tetrachromatic color measurement	四色测色
The Color Harmony Manual	颜色和谐手册
thermographic materials	热敏成像材料
three – color printing	三色印刷

tinting strength	着色力		**V**
tintometer	色辉计	variable filter	可变色滤色镜
tone	影调,调子,阶调	varnish	上光油
toner	色调剂,色粉,墨粉,显	vector colorimetry	矢量色度术
	影油墨	verifax	染料转印复印法
toners	调色剂,增色剂	vermillion	朱砂
toning	调色	vert emeralde	翡翠绿
total color blindness	全色盲	video color atlas	视频色谱
translucency	半透明	videograph	高速阴极射线印刷机,
transmission density	透射密度		电照相印刷系统
triangle of primary color	原色三角形	vidicon	视像管
trichromatic colorimeter	三色色度计	viewing distance	视距
trichromatic system	三色系统	viewing field	视场,视野
trichromatic specification	三色表示	viridian	翠绿
trichromatism	三色视觉	virtual color	虚色
tricolor element	三色单元	visibility	视认性
trinitron	单枪三束彩色显像管,	vision	视觉,视力
	栅条式彩色显像管	visual acuity	视觉灵敏度,视觉锐度
tristimulus values	三刺激值	visual angle	视角
tritanopia	丙型色盲	visual colorimetry	目视色度学
troland	楚兰德	visual field	视野
tungsten halogen lamp	卤钨灯	visual purple	视绀素,视紫红素
tungsten type	灯光型(胶片)	visual pigments	视色素
two – color printing	二色印刷	visual pigments of cones	锥体细胞视色素
two – color process	二色照相法	visual red	视红素
two – stage mask	二级蒙片	visual system	视觉系统
		visual white	视白素
U		visual yellow	视黄素
1960 UCS diagram	1960 UCS 色品图	volume color	容量色
ultraviolet absorbing filter	紫外线吸收滤光镜	Von Krie's persistence law	冯克里斯守恒定律
undercolor removal	底色去除		
under correction	欠校正,校正不足	**W**	
undertone	蕴色	wanted color	必要色
uniform – chromaticity scale dia-gram(UCS)	均匀色品图(UCS)	warm black tone	暖黑调
		warm black tone developer	暖黑调显影液
unique color,unitary color	基本色,单元色	warm color	暖色
unrelated color	非相关色	warm tone developer	暖调显影液
unsharp mask	晕光蒙片,模糊蒙片,虚	warm tone paper	暖调印相纸
	光蒙片	water color	水色
uranium glass	铀玻璃	water color	水彩

weighted ordinate methed	等间隔波长加权法
white balance	白平衡
white level	白电平
white light	白光
whiteness	白度
white W	白度 W
whiteness constancy	白色恒常
Wratten filter	雷登滤光片
Wright colorimeter	莱特色度计

X

xenon flash lamp	氙闪光灯
xenon lamp	氙灯
xeroprinting	静电印刷法

Y

yellow filter	黄滤光片
yellow coupler	黄成色剂
yellow filter layer	黄滤光层
yellowness	黄度
yellow ocher	土黄
yellow plate	黄版
yellow spot	黄斑
yellow stain	黄色污染,黄斑
Young–Helmholtz's trichromatic theory	杨–亥姆赫兹三色说

Z

zinc yellow	锌黄
zone theory	阶段说

参 考 文 献

[1]　汤顺青主编. 色度学. 北京：北京理工大学出版社，1990.

[2]　杜功顺. 印刷色彩学. 北京：印刷工业出版社，1995.

[3]　刘浩学. 桌面出版系统制版工艺. 北京：中国纺织出版社，1998.

[4]　姜海犁. 现代色彩构成. 重庆：西南师范大学出版社，2000.

[5]　武兵. 印刷色彩. 北京：中国轻工业出版社，2002.

[6]　[美]Bruce Fraser 等著. 色彩管理. 刘浩学等译. 北京：电子工业出版社，2005.

[7]　Dr. R. W. G. Hunt. MEASURING COLOUR. Third Edition. England：Fountain Press，1998.

[8]　Gary G. Field. Color and Its Reproduction. Third Edition. Sewickley：GATFpress，2004.

[9]　李亨. 颜色应用分类词典. 广州：广东教育出版社，2001.

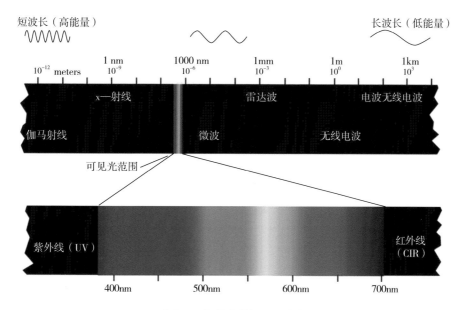

短波长（高能量）　　　　　　　　　　　　　　　长波长（低能量）

1 nm 10⁻⁹　　1000 nm 10⁻⁶　　1mm 10⁻³　　1m 10⁰　　1km 10³
10⁻¹² meters

x—射线　　　　　　　雷达波　　　　　电波无线电波

伽马射线　　　　微波　　　　无线电波

可见光范围

紫外线（UV）　　　　　　　　　　　　　　　红外线（CIR）

400nm　　500nm　　600nm　　700nm

彩图1　电磁波谱与可见光谱

非彩色明度变化

同一色调明度变化

同一色调饱和度变化

色调变化

彩图2　明度、色调、饱和度变化

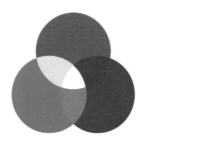

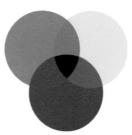

加色三原色与色光相加　　　　　　减色三原色与色料相减

彩图3　加色与减色

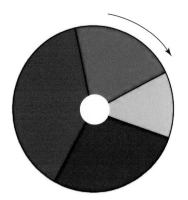

彩图4　混色盘

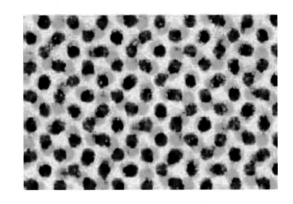

彩图5　印刷网点放大图

相对能量，反射率

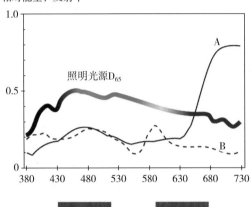

相对能量，反射率

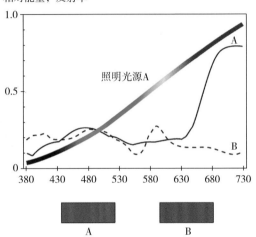

彩图6　同色异谱现象

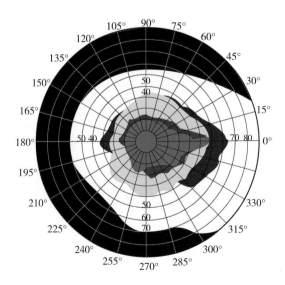

彩图7　视网膜颜色区（右眼）

彩图8　负后像

相同的灰色块放在不同明度的背景上

相同的红色块放在不同色调的背景上

左右四个小圆的颜色是相同的，它们之所以看起来不同，是由于所处背景不同

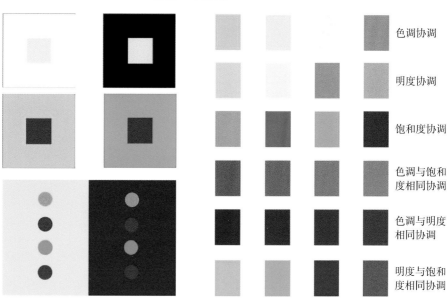

色调协调

明度协调

饱和度协调

色调与饱和度相同协调

色调与明度相同协调

明度与饱和度相同协调

彩图9　颜色对比　　　　　　　　　彩图10　颜色协调

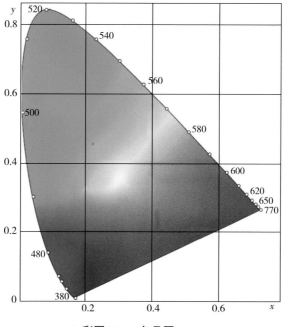

彩图11　xy色品图

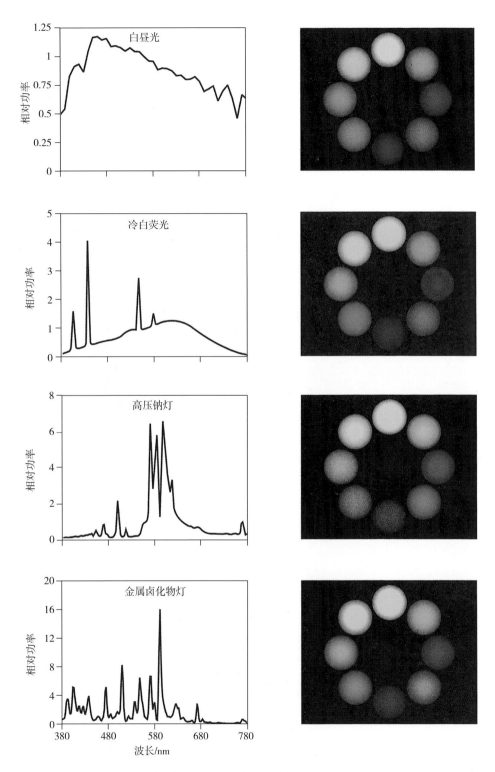

彩图12 同样八个彩球在几种常见光源下的显色效果

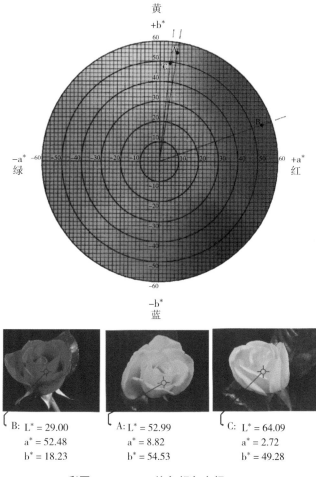

黄
+b*

绿 −a*

+a* 红

−b*
蓝

B: L* = 29.00　　A: L* = 52.99　　C: L* = 64.09
　 a* = 52.48　　　 a* = 8.82　　　 a* = 2.72
　 b* = 18.23　　　 b* = 54.53　　　 b* = 49.28

彩图13　CIE LAB均匀颜色空间

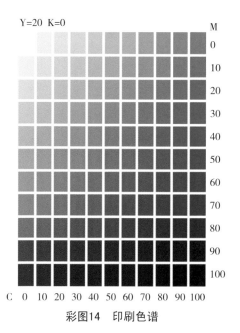

彩图14　印刷色谱

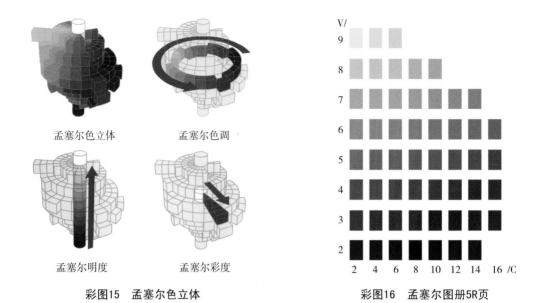

孟塞尔色立体　　　　　　孟塞尔色调

孟塞尔明度　　　　　　孟塞尔彩度

彩图15　孟塞尔色立体

V/
9
8
7
6
5
4
3
2
2　4　6　8　10　12　14　16 /C

彩图16　孟塞尔图册5R页

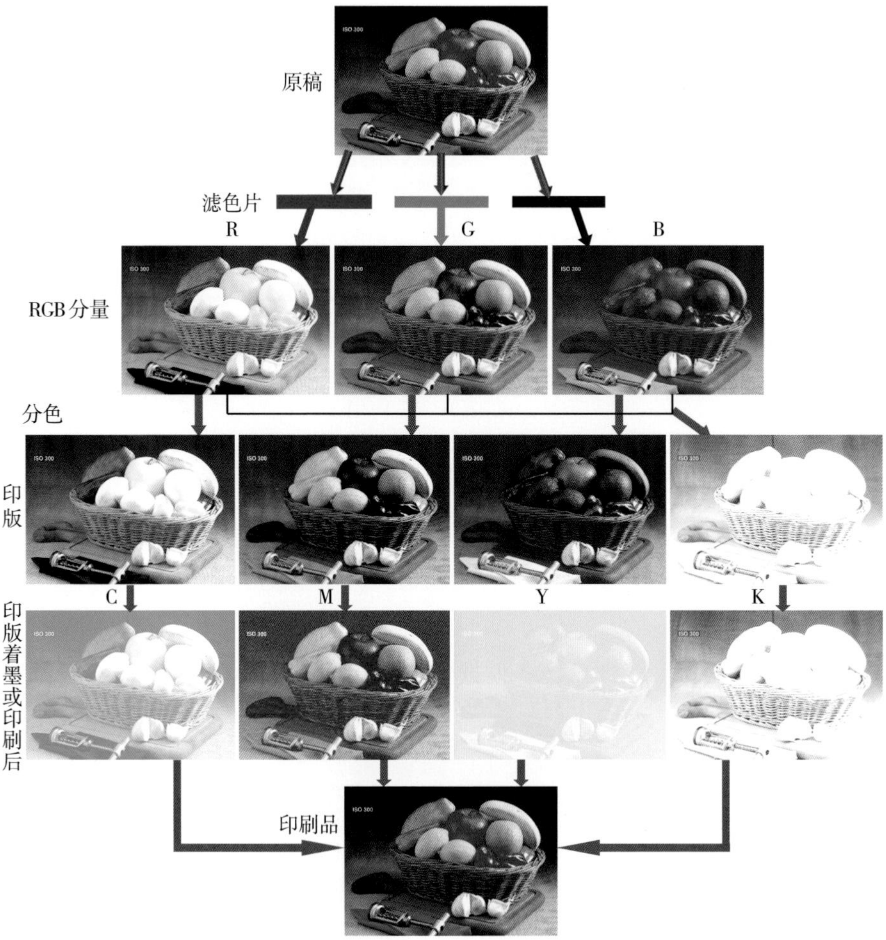

原稿

滤色片
R　　　　G　　　　B

RGB分量

分色

印版

C　　　　　M　　　　　Y　　　　　K

印版着墨或印刷后

印刷品

彩图17　分色示意图

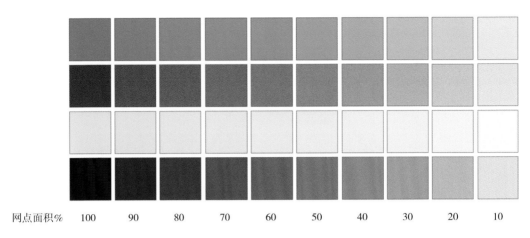

| 网点面积% | 100 | 90 | 80 | 70 | 60 | 50 | 40 | 30 | 20 | 10 |

彩图18　印刷四色网点梯尺

对深棕色的传统三色复制方法

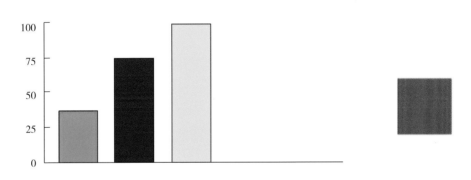

对同一种深棕色进行灰成分替代的复制方法

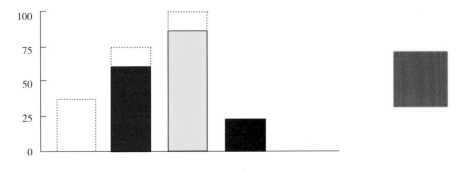

彩图19　灰成分替代示意图

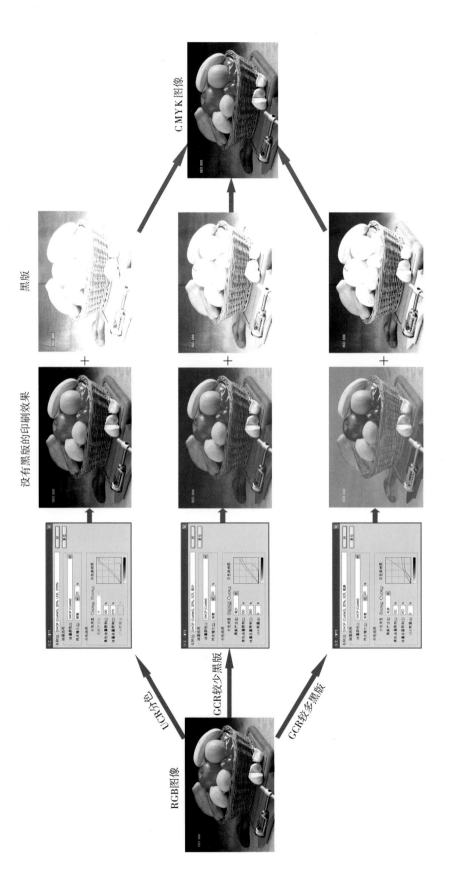

彩图20　UCR与GCR